KB275264

아는 만큼 맛있다

아는 만큼 맛있다

쌀부터 해산물까지, '좋은 식재료'에 대한 새로운 기준

지은이 ｜ 김진영
초판 1쇄 발행 ｜ 2025년 10월 30일

펴낸곳 ｜ 도서출판 따비
펴낸이 ｜ 박성경
편　집 ｜ 신수진, 정우진
디자인 ｜ 이수정

출판등록 ｜ 2009년 5월 4일 제2010-000256호
주소 ｜ 서울시 마포구 월드컵로28길 6(성산동, 3층)
전화 ｜ 02-326-3897
팩스 ｜ 02-6919-1277
이메일 ｜ tabibooks@hotmail.com
인쇄·제본 ｜ 영신사

* 잘못된 책은 구입하신 서점에서 바꾸어 드립니다.
* 이 책의 무단 복제와 전재를 금합니다.

ISBN 979-11-92169-52-1 03590

책값은 뒤표지에 있습니다.

아는 만큼 맛있다

쌀부터 해산물까지,
'좋은 식재료'에 대한 새로운 기준

김진영 지음

따비

| 차례 |

올해 3월부터 식당을 운영하고 있다. 요리도 하고 서빙도 하고 청소도 한다. 1인 다역이다. 음식을 내가며 손님들과 대화를 나누기도 한다. 내 직업을 묻는 손님도 있었다. 내 직업? 곰곰이 생각하다가 "N잡러"라 답했다. 시작은 식품 MD(Merchandiser의 약자로, 상품 관리 업무를 하는 사람을 가리킨다)였다가 어느새 책도 몇 권 썼고 지금은 주방에서 요리를 하고 있다. 세 가지 일을 하고 있으니 N잡러라 했지만, 실상은 아니다. 1995년 10월 뉴코아백화점 식품부에 입사한 이후 지금까지 식품 MD의 길을 걸어왔다. 그 길에서 쌓인 경험이 영글어 책도 쓰고 주방에서 요리도 할 뿐이다. 대학에서 식품공학을 공부했으니 식품으로만 30년 넘게 살고 있다. 나는 여전히 식품 MD, 식재료 전문가다.

30년이 넘는 세월 동안 많은 것이 변했다. 가장 크게 변화한 것은 유통 환경이다. 처음 일을 시작한 1995년에는 용산전자상가와 동대문의류타운 등에 사람이 넘쳐났다. 온라인 유통이 없었던 것은 아니지만, 전화로 주문하는 통신판매 정도였다. 사람과 사람이 직접 만나 물건을 실제로 보고 사고팔던 방식이 어느 사이 비대면의 온라인 거래로 바뀌었다. 인터넷과 스마트폰의 보급으로 그야말로 상품 구입이 눈 깜빡할 순간에 이루어진다.

20대였던 내가 50대가 되는 동안 천지개벽이 일어났는데, 식품 관련한 상식은 거의 바뀌지 않았다. 환경과 기술은 엄청나게 바뀌었는데, 음식과 식재료에 대한 고정관념은 요지부동이다. 심지어 누가 퍼뜨렸는지도 모를 잘못된 정보가 여전히 수정되지 않고 있기도 하다.

식품 MD로 일하는 30년 사이 여러 번 회사를 옮겼다. 운 좋게도 유통 채널의 변화에 맞게 이직하는 행운을 누렸다. 매장을 기반으로 하는 곳, 온라인을 기반으로 하는 곳, 친환경을 표방하는 곳 등 다양한 직장에서 여러 생산자를 만났다. 조금이라도 더 맛있는 음식을 내고자 고심하는 요리사도 많이 만났다.

쌀부터 과일까지, 쇠고기에서 수산물까지, 조금이라도 나은 식재료를 생산하려 애쓰는 생산자가 많았다. 그들로부터 품종이 다르면 식재료의 맛이 얼마나 달라지는지, 재배/사육 방식이 바뀌면 또 맛이 얼마나 달라지는지를 배웠다. 맛있는 식재료가 있는데도 소비자가 찾지 않아 벽에 부딪친 적도 많았다. 가격의 벽을 맛으로 뚫어낸 경험도 있다.

결국은 정보의 문제라고 생각하게 되었다. 소비자라면 품종을 알고 제철을 알면 더 싼 가격으로도 맛있는 음식을 먹을 수 있다. 음식점을 한다면 식재료에 대한 정보를 더 많이 알수록 경쟁력 있는 메뉴를 개발할 수 있다. 그다음엔 발상의 전환이다.

식품 MD라는 직업에 나름대로 자부심을 느끼고 있다. 유통이라는 힘으로 생산자를 찍어 눌러 싼값에 물건 받아 마진 많이 붙여 파는 것이 능사가 아니라는 생각으로 30년 일했다. 생산자, 유통회사, 소비자가 상생하는 길을 찾는 것이 MD라고 생각하며, 생산자의 말에 귀 기울이며 소비자에게 호소해왔다.

이런 세월 동안 얻고 나름 공부한 식재료에 관한 지식과 정보를 이 책에 담았다. 식재료를 맛이 아니라 값으로만 대하는 비상식을 다시 상식으로 돌리고 싶다. 생산자들이 애써서 개발한 새로운 품종을 알리고, 환경 변화에 따른 바뀐 제철에 대한 정보를 제공하고, 식재료를 대하는 우리의 자세를 바꿨으면 하는 바람도 담았다.

2009년 무렵 마포의 한 선술집에서 도서출판 따비 박성경 대표가 "형도 이제 책 내야지." 했다. 만나는 자리에서마다 식재료에 관해 떠들어댄 것을 유심히 들어주고 나서다. 계약서는 2015년 봄에 썼다. 10년 만에 드디어 글 빚을 갚는다. 10년을 기다려준 박성경 대표에게 미안함과 감사함을 전한다. 그 말이 씨가 되어 지금의 내가 있는 듯싶다.

식재료에 대한 확고한 생각을 세운 것은 쿠팡에서 일할 때였다. 고집스러운 팀장 덕분에(?) 많은 욕을 먹었던 친구 김홍직 실장에게도 감사 인사를 전한다. 막 사회생활을 시작한 나를 올바른 식품 MD로 키워준 고故 원종현 형님께 이 책을 바친다.

2025년 10월

김진영

1장 밥이 주식인데 맛있는 밥을 못 먹는 이유

'경기미'가 맛있다는 신화

1995년에 식품 MD 생활을 시작했다. 경기도 부천 뉴코아백화점 송내점이 첫 직장이었다. 송내보다는 중동으로 더 알려진 부천시 원미구 중동과 상동 일대는 유통업체의 격전지였다. 뉴코아백화점(현 Toona), 이마트, 월마트, 까르푸(현 홈플러스), LG백화점(현 롯데백화점 부천점)은 매일, 매주 전쟁 같은 경쟁을 하고 있었다. 거기에 그 당시 동양 최대라는 동아백화점(현 현대백화점 부천점)이 공사 중이었다.

내가 근무했던 뉴코아백화점이나 킴스클럽(NC 킴스클럽)에서 선착순 할인행사를 할 때 빠지지 않은 품목이 요구르트와 쌀, 라면이었다. 요구르트 30개에 500원, 신라면 한 박스에 5,000원, 그리고 백미 20kg에 4만 원 이하로 판매하는 날은 새벽부터 줄이 길게 늘어섰다. 개점과 동시에 손님들이 밀물처럼 몰려들어왔다가 썰물처럼 빠졌다. 그때 팔았던 쌀이 경기미 20kg, 영광햅쌀 20kg 였다. 그때는 지금 같은 브랜드 쌀이 없었다. 브랜드를 만들어 유통된 쌀은 1995년 '임금님표 이천쌀'이 처음이다.

2025년 현재 국내에서 재배되는 쌀 품종은 약 300개, 이 품종들로 생산한 쌀에 붙여진 브랜드가 약 3,000개다. 쌀 브랜드는 지역명을 붙여 사자성어 형태로 만든 것이 많은데, '생거진천'(충북 진천, 살아서는 진천이 최고라는 의미), '청풍명월'(충남, 이중환의 《택리지》에서 충청도를 청풍명월이라고 한 데서 유래)이 대표적이다. 지역의 특성이나 특산물을 앞세운 브랜드도 있다. 해남의 '땅끝햇살', 담양의 '댓잎맑은' 등이다. 친환경 농법으로 재배한 쌀에는 오리, 메뚜기, 우렁이 등 농법과 관련된 동물을 브랜드에 넣기도 했다. 지역의 이름과 특성은 브랜드에 녹아들지만 품종이 드러나는 경우는 극히 드물다. '철원 오대쌀'이 그나마 품종을 지역명 다음에 내세운 경우다.

매년 각 단체에서 여는 최고품질 쌀 품평회의 수상작 리스트를 보면, 품종은 찾고 찾아야 겨우 알 수 있고 지역과 브랜드만 있다. 보도자료를 그대로 베껴 쓴 기사에는 철저한 농사 관리, 쌀농사에 최적화한 환경, 지자체의 적극 협조 등 삼박자가 맞아 수상했다는 이야기가 법칙처럼 쓰여 있다. 리스트 중에서 특이한 것은 일

최초로 '브랜드'를 단 쌀아
임금님표 이천쌀이다.

본 품종인 고시히카리コシヒカリ만 유독 철원 오대쌀처럼 지역명 다음에 품종명을 붙였다는 것인데, 같은 일본 품종인 히토메보레ひとめぼれ도 마찬가지다. '청풍명월 골드'가 한국 브랜드 협의에서 주는 쌀 부분 브랜드 대상을 2012년부터 12년 연속 받았다. 어느 소비자가 뽑았는지 모르겠지만, 소비자가 뽑은 최고의 쌀이라는 청풍명월이 어디에서 생산한 무슨 품종인지도 모르거니와 관심도 없다.

임금님이 드신다는 쌀을 생산했다던 지역산 쌀이 여전히 최고의 인지도를 자랑한다. 그런데 밥맛 좋다는 경기미는 만들어진 신화다. 조선시대 임금이 아키바레あきばれ의 후손인 추청을, 일본에

서 육종한 고시히카리를 먹지는 않았을 것이다. 그렇다면 경기미가 맛있다는 이야기는 어디서 시작되었을까? 궁금증은 김태호 박사가 쓴 《근현대 한국 쌀의 사회사》(들녘, 2017)를 읽고 풀렸다. 1970년대, 박정희 당시 대통령이 통일벼를 육종해 재배하게 했고, 통일벼의 재배를 전국으로 확대하기 위해 통일벼만 공공수매했다. 소위 '정부미'의 탄생이다.

전남, 충남 등 널찍한 곡창지대에서는 통일벼를 심었지만 서울 근교, 즉 경기도에서는 통일벼 대신 일본 품종인 아키바레를 심었다. 서울의 돈 있는 사람들이 주 고객이었다. 다수확을 목적으로 육종한 통일벼가 아키바레의 밥맛을 따라갈 수는 없었다. 결국 정부미의 존재가 경기미가 맛있다는 신화를 만들었다.

서천의 백진주, 쌀의 품종 맛을 알려주다

2005년의 일이다. 지인의 소개로 충남 서천의 미곡종합처리장 RPC에 갔다. 처음 접하는 품종인 '백진주'라는 쌀을 보기 위해서였다. 진주처럼 하얀빛을 띠는 쌀이라 하여 붙인 품종명이라 했다. 2001년 등록한 품종으로, 심는 이도 드물고 찾는 이는 더 드문 쌀이었다.

당시 나는 10년차 식품 MD였는데, 쌀 품종이라고는 호품, 추청 정도만 알았다. 사실 추청이라기보다는 아키바레라고 말해야 그제야 '아하!' 할 때였다. 고시히키리나 히토메보레 같은 일본 쌀 품종은 더 모르던 때였다. 그때 우리가 쌀을 구분하는 기준은 '지역'이었고, 쌀은 혼합미로 유통되었다. 혼합미란 생산 농가, 품종 구별 없이 모조리 섞어 지역 미곡종합처리장에서 도정한 쌀을 포장한 것을 말한다. 품종을 알리며 유통하지 않으니 소비자도 품종에 대해 알지 못한 채 가격을 보고, 혹은 유명하다는 지역명이 붙은 쌀을 구입해 먹었다. 그때 가장 각광받은 쌀이 '경기미'였다.

서천에서 생산자의 설명을 듣고 나서 백진주 샘플을 얻어 왔다. 백문불여일식百聞不如一食, 음식은 설명을 많이 듣는 것보다는 한 번 맛보는 것이 중요하다. 집에 와서 바로 백진주 쌀로 밥을 지었다. 처음에는 당황스러웠다. 밥이 질었다. 물을 일반 멥쌀보다 적게 넣으라는 생산자의 주의사항을 잊고 평소대로 물을 맞추어 밥을 지은 탓이었다. 백진주의 아밀로오스 함량은 9%. 아밀로오스 함량이 17~19%인 멥쌀에 맞춰 물을 넣으면 진밥이 된다. 찹쌀 성격을 지닌 쌀이라 밥 짓기 전에 불리는 과정도 필요 없었다. 몇 분 이상 쌀을 불리면 밥물을 적게 잡아도 밥이 질어졌다. 이후로도 두어 번 밥을 망치고 나서야 제대로 된 밥맛이 났다. 새로운 밥의 세계를 맛났다. 식어도 방금 지은 밥처럼 쫄깃한 식감이 유지되었다.

뽀얀 빛깔에 차진 식감 덕에 밥이 밥을 훔쳤다. 밥이 밥도둑이었다.

밥맛은 좋은데 가격이 문제였다. 재배 초기라 농사짓는 법이 확립되지 않은 상태였고, 단위 생산량도 적었다. 이 때문에 여느 쌀보다 값이 1.5배쯤 비쌌다. 가격이 마음에 걸렸지만, 이 정도의 밥맛이라면 입맛 까다로운 소비자는 지갑을 열 듯싶었다. 서둘러 당시 내가 일하던 친환경유기농 전문 식품유통업체의 전국 매장에 백진주 쌀을 공급했다. 비싼 가격 때문에 초기 판매는 부진했다. 하지만 시간은 맛의 편. 백진주를 구입해 먹어본 손님들이 재구매를 시작했고, 이내 입소문이 나 계약했던 물량을 모두 소진했다. 밥맛이 가격의 벽을 무너뜨렸다.

그때 쌀의 품종에 눈을 뜨게 되었다. 쌀 품종이 바뀌니 밥맛이 달라졌다. 쌀의 구분이라고는 '지역'과 '유기농'이 전부였던 내가, 품종이 달라지면 밥맛도, 밥 짓는 기술도 달라짐을 알게 된 사건이었다.

백진주를 알고 나서 그와 비슷한 쌀을 찾아보니 밀키퀸, 진상미 등의 품종이 있었다. 내가 다니던 회사의 쌀 주 거래 산지인 충남 홍성군 홍동면에 그중 밀키퀸 재배를 제안했다. 밀키퀸이 다른 품종보다 뛰어나서라기보다는 경쟁 업체에서 이미 판매를 하고 있기에 대응 상품이 필요했기 때문이었다.

생산자, 즉 홍동면의 쌀 농가들은 시큰둥했다. "그게 팔리것슈? 뭐 한번 생각해보쥬." 당시 홍성에서 쌀뿐 아니라 수소도 사육하고 있어서 한 달에 한 번은 출장을 갔다. 갈 때마다 밀키퀸 타령을 했다. 마냥 밥맛이 좋다고만 말하지는 않았다. 한때 차별화 포인트였던 '유기농 쌀'을 전국에서 심는 시기였다. 유기농 쌀 과잉이 예상되니 품종을 변경하자고 설득했다. 맛있는 쌀로 품종을 변경할 뿐 아니라 여러 가지 품종을 혼합하는 대신 단일 품종으로 도정해서 포장하자고 했다. 백진주 계약 물량을 소진할 때쯤의 쌀 판매 통계도 내밀었다.

요지부동이던 홍동 사람들이 움직이기 시작했다. 고집 센 사람들이 마음을 바꾸면 그다음은 일사천리다. 이듬해 가을에 꼭 추수하겠다는 약속을 받았다. 지금까지도 밀키퀸은 홍동에서 꾸준히 생산·판매되고 있다.

골라 먹을 만큼, 맛있는 쌀 품종이 많아졌다

세월이 흘러, 또 다른 유통업체에서 식품팀장으로 일하던 2013년의 일이다. 친환경 과일을 유통하는 한 협력 업체의 대표가 전화를 했다. 사과를 거래하는 포항 기계농협에서 맛있는 쌀이 있으니

쌀의 품종이 달라지면 밥맛이 달라진다.

팔아 달라는 요청을 받았다는 것이다. 포항 기계농협? 대구에서 고속도로나 기차를 타고 가다 보면 포항 초입에 있다. 여러 사정을 듣고 쌀 품종을 물어보니 '삼광'이라고 했다. '삼광? 고스톱 쳐서 딴 품종인가?' 할 정도로 생소한 이름이었다. 품종도 품종이지만 철의 고장 포항을 쌀과 연결하기가 쉽지 않았다. 품종의 중요성에 눈뜨기는 했지만, 당시는 여전히 지역이 먼저였다. 지금은 중부 내륙과 충청남도에서 많이 심는 품종이 되었다. 앞서 예로 든, 청풍 명월 골드의 품종이 삼광이다.

포항 기계농협에서 쌀 샘플을 받아 밥을 지었다. 윤기나 찰기

뭐 하나 빠지는 게 없다. 가격은 경기도에서 생산되는 다른 품종보다 훨씬 저렴했다. 판매할 때 가격을 내세우지 않고 품종과 밥맛을 내세웠다. 품종의 특징을 자세히 설명했다. 먼저 구입해 먹어본 소비자들이 좋은 후기를 달면서 판매량도 순풍에 돛 단 듯 증가했다. 다른 소셜커머스가 가격을 내세워 혼합미를 팔 때 단일 품종을 내세워 판매한 상품이었다.

삼광 품종의 밥맛을 알고 나니 다른 것들도 궁금했다. 인터넷에서 삼광을 검색하니 '최고품질 벼'가 연관 검색어로 나왔다. 2013년의 나한테는 생소한 단어였다. '최고품질 벼'는 정부에서 선정한 밥맛 좋은 벼 품종이다. 농촌진흥청이 육성한 벼 품종 가운데 밥맛, 외관 품질, 도정 특성, 재배 안정성 등을 심사해 선정하는데, 그 선정 기준은 밥맛이 '삼광' 이상이고(과거에는 '일품벼' 이상이었다), 겉보기에 심복백(심백은 쌀 중앙부에, 복백은 쌀 표층부에 백색을 띠는 것을 말한다)이 없어야 하고, 도정수율(낟알에서 쌀을 얻는 비율)은 75% 이상, 완전미(외관상 완전한 낟알 또는 그 평균 길이의 3/4 이상으로 깨지거나 부서지지 않은 쌀) 도정수율은 65% 이상이어야 하며, 2개 이상 병해충에 저항성이 있어야 한다는 것이다. 즉 밥맛이 좋은 것은 물론, 쌀 생산자와 유통업자에게도 유리한 품종이어야 한다.

최고품질 벼는 매년 선정되는데, 2020년까지 이런 기준을 통과

해 최고품질 벼로 선정된 품종은 21개다.

밥맛 좋은 쌀이라는 게 품종만 가지고는 되지 않는다. '호품'은 농진청에서 시험 재배했을 때는 고시히카리를 능가하는 미질米質로 평가받았지만, 산지에서 본격 재배했을 때는 기대했던 미질이 나오지 않았다. 현재 수매 제도가 품질보다 양으로 수매하는 방식이라 과다한 질소 비료를 투여해 생산량은 증가했지만 미질이 떨어졌기 때문이다. 최고품질 벼에는 속했지만 정부 수매 품종에서는 제외됐다.

'운광'은 추석 전에 수확하는 조생 벼다. 추석 때 햅쌀을 샀다면 대부분 운광이라고 보면 된다. '해들'도 조생 벼로, 운광을 대체할 품종이라고 한다. 전라북도에서 2017년에 '수광' 품종 벼와 고시히카리를 비교하는 시식회를 했을 때 수광의 밥맛이 더 좋다는 사람이 많았다. 전북 부안에서 재배한 수광을 먹어봤다. 쌀눈을 살리도록 9분도 이하로 도정한 쌀이었다. 쌀겨를 덜 깎은 탓에 차진 밥맛은 덜했지만 어느 쌀보다 달큼한 맛이 있었다.

'최고품질 벼' 외에도 좋은 품종이 많다. 김제에서 재배하는 '청무'는 어느 지역 쌀, 어떤 품종 쌀보다 뛰어난 밥맛을 자랑한다. 맛을 보고 나서 미슐랭 별을 받은 파인다이닝에 소개했더니 그때까지 쓰던 경기도에서 생산한 고시히카리 대신 청무로 쌀을 바꿔버렸다. 지금은 지역에 맞는 품종을 개발하고 재배하기 때문에 굳이

지금까지 선정된 최고품질 벼 품종

품종명	재배 적합 지역
삼광	경기/중부 평야
수광	충남/경상도/전라도
운광	중부 산간/남부 산간
해품	충남 이하 평야/서남부 해안지
고품	경기/중부 평야
대보	경기/충북/동남부 해안지
호품	전라도/경상도
현품	서남부 해안지/평택 이남
칠보	경상도/여주
안평	전라도/경상도
하이야미	경기/중부 평야
청풍	중부 지역
진수미	경상도
진광	중부 이남
영호진미	경남/전남
해들	이천
미품	충남/남부 지역
예찬	충남 이남 평야 지대
해담	영남 평야지
알찬미	이천 지역
미소진미	경상도 평야

특정 지역의 쌀을 고집할 필요가 없다. 지역 풍토를 먹고 자란 각지의 쌀이 재배되고 있다. 다만 모를 뿐이다.

나는 경북 안동의 백진주, 충남 홍성의 밀키퀸, 경기 화성의 골드퀸 3호, 전북 김제의 청무, 네 가지 쌀을 그때그때 골라서 구입해 먹었다. 지금은 김제에서 소식 재배한 십리향이나 해남의 '용의 눈동자' 또는 양평의 토종쌀로 밥을 짓는다. 먹어보면 다름을 느낀다. 좋고 나쁘다의 다름이 아니다. 서로 다른 향과 식감을 가진 쌀들이다. 그래서 골라 먹을 수 있다.

쌀을 고르는 세 가지 기준

와인을 고를 때 라벨을 읽는다. 와이너리, 생산년도, 포도 품종 등을 알아보기 위함이다. 쌀을 살 때도 이제 라벨을 읽자. 쌀 포장지 뒷면에 인쇄하거나 스티커를 붙여놓았다. 포장한 쌀의 일반적인 정보가 담겨 있다. 품종, 단백질 함량, 도정 일자, 등급, 도정한 곳 등이다. 이 중 내가 맛있는 쌀을 고르는 기준은 세 가지다.

첫째, 품종을 보자. 삼광, 영호진미, 십리향 등 단일 품종으로 된 것을 고르자. 품종명에 혼합미로 표시된 것은 가급적 고르지 말자. 혼합미는 싸다. 20kg 한 포대에 4만 원 내외(2024년 10월 쿠팡

쌀 포장지의 정보를 잘 읽으면
맛있는 밥을 먹을 수 있다.

기준)가 대부분이다. 혼합미는 여러 품종, 산지, 심지어 생산년도가 다른 쌀들을 섞어 포장한 것이다. 외국산 쌀을 섞은 것도 있다. 밥맛보다는 가격에 초점을 맞춘 쌀이다. 경기도 이천에서 생산한 단일 품종인 해들쌀은 가격이 76,900원으로 비싸다. 그런데 이것과 비슷한 포장지에 '경기'만 붙여 밥맛 좋은 쌀로 위장한 혼합미도 많이 팔린다. 혹하는 가격 매력을 발산하면서 말이다. 같은 지역에서 생산된 쌀이라 해도 품종에 따라 밥맛이 다르다. 여러 가지 품종 중에서 내 입맛, 가족 입맛에 맞는 것을 그때그때 골라 먹으면 된다.

둘째, 도정 일자를 보자. 전어, 낙지 등 가을을 대표한다고 꼽히는 식재료가 많다. 내가 최고로 꼽는 가을 식재료는 쌀이다. 쌀이 가장 맛있을 때가 추수를 막 끝낸 가을이기 때문이다. 그렇지만 아무리 가을이라 해도, 도정하고 보름 이상 지난 쌀은 밥맛이 처음 같지 않다. 공기와 접촉하는 순간 쌀의 산화가 시작된다. 산화는 밥맛을 떨어뜨리는 원인이다. 가급적 도정한 지 얼마 지나지 않은 쌀을 구입하자. 그러려면 도정 일자를 확인해야 한다. 신선한 채소, 과일 고르느라 이리저리 살핀다. 우유도 유통기한 긴 것을 고른다고 냉장 매대 안쪽까지 손을 뻗는다. 쌀도 마찬가지다. 도정 일자를 봐야 한다.

셋째, 소포장이다. 내가 쌀을 구입하는 단위는 10kg보다는 5kg 이하의 소포장이다. 3인 가족이 보름 정도 먹는다. 미질이 떨어지기 시작하는 시점이 도정한 후 15일째부터다. 미질이 떨어질 때쯤 쌀도 떨어진다. 보통의 가정은 20kg짜리 쌀을 산다. 한 달에 한 번 쌀을 산다면 보름 정도는 맛있는 쌀, 나머지 보름은 점차로 맛없는 밥을 먹게 된다. 특히 해를 넘겨 장마 때가 되면 미질은 하루가 다르게 떨어진다. 아무리 벼 상태로 보관해도 해를 넘기면 미질이 떨어지는 게 자연 현상이다. 장마철이 되면 평소 사던 쌀 포장의 절반 정도로 사는 게 좋다. 5kg 단위로 구입하는 나는 그대로 산다. 그 이하의 중량으로 구입하면 포장지 값이나 택배비 때문에 가격이 너무 올라가기 때문이다.

소포장 쌀을 사면 귀찮을 거라 생각하지만, 한 달에 두 번 쌀을 구입하는 게 그리 번거롭지는 않다. 전국 단위 농협마다 도정 공장이 있고, 판매 홈페이지가 있다. 주문하면 바로 도정해서 보내준다. 가장 맛있는 쌀을 사는 방법이다.

품종만 입맛대로 고르면서 이 세 가지 기준을 지키면 맛있는 밥을 먹을 수 있다고, 얼마 전까지 생각했다.

밥을 위한 최선의 선택은 소식 재배다

품종에 따른 밥맛 차이를 알고 난 후 몇 년 동안 이런 원칙으로 쌀을 구입해 밥을 했고, 이런 원칙을 권하기도 했다. 그러다 골드퀸 3호라는 품종으로 만든 브랜드 쌀 '월향미'를 맛보게 되었다. 그때까지는 누구도 밥의 향에는 크게 신경 쓰지 않았는데, 월향미는 구수한 향을 강조한 품종이었다(이후로 벼 육종의 목적에 향도 추가되었다). 쌀 자체의 맛도 좋거니와 성질이 반찹쌀계인지라 식은 밥도 맛이 좋다. 기회가 있을 때마다 이 품종에 대해 알리고, 당시 내가 운영하는 쇼핑몰에서 판매하기도 했다. 2년 정도 지나자 서산 등지에서 재배하던 쌀 생산지가 보성까지 확대되었다. 햅쌀을 맛봤다. 그때까지 먹었던 월향미와는 전혀 다른 맛이 났다. 밥맛이 좋지 않은 데다 장점이었던 향마저 약해졌다. 이상해서 다른 브랜드의 골드퀸 3호를 사서 밥을 지어 먹었는데, 비슷했다. 원인이 뭘까 고민에 빠졌다.

그러던 어느 날 지방 출장을 가는 길이었다. 전에도 봤지만 아무 생각 없이 지나쳤던 플래카드에서 실마리를 찾았다. 농협에서 건 플래카드도 있었고 생산자단체에서 내건 것도 있었는데, 내용은 같았다. "권장 시비량을 준수하자." 쌀 품종에 맞는 비료를 적정량 주자는 것이다. 권장 시비량 운운하는 플래카드를 내걸 정도라면 권장 시비량이 유명무실한 상태라는 뜻이다.

비료가 문제 된 것은 골드퀸 3호만의 문제가 아니다. '호품' 품종도 겪은 일이다. 호품은 농진청 연구소에서 시험 재배했을 때는 미질로 고시히카리를 이겼다고 할 정도로 주목을 받았다. 이런 주목 덕분에 전국에 보급되었지만, 이제는 찾아보기 힘든 품종이다. 농협이나 정부 수매 품종에서도 진즉에 빠졌다. 육종 의도와 달리 생산지에서는 호품이 '다수확 품종'으로 변했기 때문이다. 미질이 좋아서 보급한 품종이 생산량이 많은 품종이 되었다? 이렇게 될 수 있는 이유는 단 하나, 비료다.

봄에 뿌린 비료 한 줌이 가을에 나락 한 됫박으로 바뀐다. 비료를 주는 만큼 벼에 열리는 나락이 늘어난다. 단, 미질은 나락으로 떨어진다.

벼 한 모가 생산할 수 있는 낟알의 양은 정해져 있다. 비료를 많이 주면 나락의 수는 늘어나도 낟알 총량의 무게는 같다. 오랫동안 쌀 수매를 담당했던 농협 직원과 이야기할 기회가 있었는데, 비료를 권장량대로 준 곳과 그러지 않은 곳의 쌀은 추수할 때 트랙터에 싣는 톤백(곡물 등을 보관·운반하는 대형 마대자루. 1톤이 담기는 용량으로 제작된 데서 유래한 용어다)의 무게로 대충 가늠된다고 한다. 비료를 권장량대로 준 곳은 쌀이 톤백에 차지 않더라도 대략 800kg이 나온다고 한다. 비료를 권장량 이상 준 곳의 쌀은 같은 무게라도 톤백을 채우고도 넘친다고 한다. 땅에서 생산 가능한 낟알의 숫자가 증가하면 영양이나 에너지 또한 낟알 숫자만큼 나뉜다. 100의 에너지를 낟알 100개가 나누면 1이다. 200개가 나누면 0.5다. 품종이 바뀌면 밥맛이 바뀐다는 명제가 이때 무너진다.

품종이 아무리 좋아도 맛이 있을 리가 없다. 미질 상관없이 품종만 맞으면 수매하는 방식을 바꾸지 않는 이상, 우리는 계속해서 맛없는 쌀을 먹을 수밖에 없다. 호품처럼 골드퀸 3호도 처음의 맛으로 돌아가지 못했다.

이런 과정을 지켜보면서 하나의 생각이 머리에 자리 잡기 시작했다. '만일 적게 심는다면?' 모내기할 때 단위 면적당 심는 모의 숫자를 줄여서 재배해야 한다, 즉 밀식密植을 하지 말아야 한다는 생각을 그때부터 하게 되었다.

이 생각은 좋은 인연 덕에 2019년 봄에 싹을 틔웠다. 2018년도에 양평에서 산부추 재배를 하는 최병갑 농부를 처음 만나 연락을 주고받았다. 그러다가 벼농사 이야기가 나와, 소식 재배가 가능한지 물었다. 가능하다는 답변이 돌아왔다. 바로 방식에 대해 논의하고 시험 재배에 들어가기로 했다.

보통 모를 평당 80주 내외 심고, 그보다 더 많이 심기도 하는데, 평당 65주 정도만 심어보기로 한 것이었다. 적게 심으니 수확량도 줄어들 것이라 예상해 전년 생산량 기준으로 매입 가격을 책정하기로 했다. 양평 청운면에서 첫 시험 재배 쌀이 나왔는데, 미질이 생각 이상으로 좋았다. 고객들 반응도 미질만큼이나 좋았기에, 다음 해에는 평당 50주 정도로 더 줄였다. 그리고 한 모에 심는 벼의 수를 1~2주로 줄였다. 모내기할 때 이양기가 자동으로 심는 모의 수는 3~4주다. 그 숫자를 줄인 것이다.

한 가지 실험을 더 했다. 자연건조 방식을 도입한 것이다. 트랙터가 지나가면 추수가 원스톱으로 끝나는 게 요즈음 쌀농사다. 편할 수가 없는 게 농사라지만 자연건조보다는 한없이 편한 방식이다. 자연건조 방식은 이렇다. 벼가 고개를 숙이기 시작하는 시점에서 수확한다. 벼가 익어서 고개를 숙인 다음이 아니다. 그 상태로 수확해서는 논에 건조대를 설치해 사나흘 말린다. 건조되면 다시 트랙터에서 탈곡한다.

소식 재배한 벼를 자연건조하는 모습.
이 쌀로 지은 밥은 그 어느 쌀로 지은 것보다 맛있었다.

벼가 고개를 숙일 만큼 익었을 때 베어야 쌀이 맛있다고 생각하지만, 최병갑 농부는 벼가 고개를 숙이기 시작할 때 베어서 익혀야(말려야) 쌀맛이 좋다고 했다. 아마도 쌀이 가지고 있는 포도당이 저장성 좋은 전분으로 바뀌기 전이라서 그러는 듯싶다. 그런데 이렇게 하는 과정은 참으로 번잡하다. 트랙터로 바로 수확하면 서너 사람이면 충분하다. 자연건조를 하니 대략 8명 정도가 추수할 때 한 번, 탈곡할 때 또 한 번 필요했다. 그렇게 나온 쌀은 내가 먹어본 어떤 쌀보다 맛있었다. 취재하러 방문했던 일본의 어느 고급 료칸에서도 먹어보지 못한 밥맛이었다.

문제는 가격이었다. 일단은 첫해이니 손해를 안고 갈 생각으로 마이너스 마진을 봤다. 그래야 내년을 기약할 수 있겠다고 판단했다. 마이너스 마진까지 봤지만 비싼 가격 때문에 쌀을 다 팔지 못했다. 그래도 좋은 밥맛을 봤음을 위안으로 삼았다. 3년째에는 자연건조를 못 했다. 생산자의 건강이 염려되었기 때문이었다. 대신, 그 전 해보다 소식 재배 방식을 강화했다. 자연건조 방식과는 비교하기 힘들어도, 국내에서 생산한 어떤 쌀보다 맛이 좋았다.

그런데 다른 문제가 생겼다. 모 요리사가 즉석밥을 만들어보겠다고 이 쌀의 구매를 약속해 생산량을 늘렸다. 그런데 수확이 끝나니 말을 바꿨다. 계약서를 쓰지 않은 채 쌀을 재배해, 나와 생산자가 과잉생산에 따른 손해를 떠안을 수밖에 없었다. 생산자에게 사정 이야기를 하고 앞으로 더 적극적으로 판매를 하겠다고 다짐했지만 실망감에 돌아선 마음을 돌릴 수가 없었다. 양평에서의 소식 재배는 허무하게 끝났다. 다만, 비료를 멀리하고 적게 심으면 미질은 상상 이상으로 좋아진다는 것을 확인했다.

그사이 소식 재배는 전국에 조금씩 퍼졌다. 품종도, 도정 일자도 중요하지만 쌀을 어떻게 재배하는지가 밥맛을 더 좌우한다. 유기농이나 자연건조, 이런 것도 물론 중요하다. 그러나 무엇보다, 투여량 대비 얼마를 벌 것인가라는 물음 대신 얼마나 맛있는 농산물을 생산할 것인가 더 중요함을 알았다.

소비자의 기준도 마찬가지다. 백진주와 밀키퀸은 아밀로오스 함량이 10% 내외로, 반찬쌀계 또는 저아밀로오스 쌀이라 한다. 반찬쌀계 쌀은 조금 비싸다. 한 끼 밥 먹는 데 들어가는 쌀의 가격은 얼마일까? 밥 한 공기에 들어가는 쌀은 100g 언저리다. 20kg 기준 혼합미 56,000원짜리가 있다고 가정하자. 밥 한 공기에 드는 쌀은 280원이다. 단일 품종, 조금 더 신경 써서 골드퀸 3호를 사보자. 다른 단일 품종 쌀보다 1,000~2,000원 비싸다. 온라인 쇼핑몰에서 살 수 있는 가격이 대략 74,000원이다. 혼합미보다는 18,000원 정도 더 내야 한다. 한 공기당으로 계산하면 90원 더 비싼 370원이 든다.

어떤 쌀을 선택할 것인가? 물론 각자 선택의 기준이 있을 것이다. 하지만 밥 먹고 살자고 일하는 것 아닌가. 밥솥은 좋은 걸 사려고 한다. 밥솥보다 더 중요한 것이 쌀의 올바른 선택이다. 적어도 집에서 먹는 쌀은 맛이 기준이어야 하지 않을까. 내 가족을 위해 하루 90원은 더 쓸 수 있지 않을까 한다.

즉석밥이 맛있게 느껴지는 까닭

문제는 소식 재배나 반찹쌀계 품종이 아니다. 어떤 품종의 쌀을 어떻게 재배하든, 우리는 가정에서나 식당에서나 밥을 가장 맛없게 먹기 위한 모든 노력을 하고 있기 때문이다. 그 반사이익을 즉석밥이 얻고 있다.

전자레인지로 바로 돌린 즉석밥은 맛있다. TV 광고에서는 "어제 한 밥보다 맛있다."고 한다. 어제 지어 보온밥솥에서 묵힌 밥과 방금 전자레인지로 돌린 즉석밥을 비교하면 즉석밥이 더 맛있다는 것이다. 밥을 지어 몇 시간 이내에 먹는다면 보온밥솥도 괜찮지만 하루를 넘겨 먹어야 한다면 밥을 다른 용기에 담아 냉동 보관하는 게 훨씬 낫다. 즉석밥도 이런 원리로 만든 것이다. 여기서 한 발 더 나아가, 용기에 쌀을 담고 하나하나 밥을 짓는다. 큰 밥솥에서 밥을 해서 따로 담은 것이 아니다. 불린 쌀을 용기에 담고 찐 다음 멸균 포장한 것이다.

전자레인지에 즉석밥을 돌리면 밥알이 함유한 수분을 전자파가 진동시키면서 가열한다. 보온밥솥은 낮은 온도로 끊임없이 밥을 따뜻하게 데운다. 밥알이 품고 있는 수분은 가온 때문에 조금씩 공기 중으로 증발한다. 그래서 밥솥 뚜껑을 열면 물방울이 뚜껑에 맺혀 있다. 시간이 쌓이면 이 물방울이 다시 밥 위로 떨어진다. 수분이 마른 밥이 물에 젖어 떡이 되는 거다.

식당에서는 한술 더 뜬다. 공깃밥 때문이다. 한꺼번에 많은 양의 밥을 하고 스테인리스 밥그릇에 담고 뚜껑을 덮는다. 밥 많이 주는 게 좋다는 생각에 꾹꾹 눌러 담는다. 밥 숨이 막히기 시작한다. 빠져나가야 할 수증기가 뚜껑에 막혀 방울방울 맺힌다. 온장고의 열기까지 가해져 밥공기 안은 천장에서 물기가 방울방울 떨어지는 찜질방과 비슷해진다. 뚜껑에서 떨어진 물방울이 밥을 적셔 식감을 해친다. 시간을 흐르면 중력이 작용해 밥은 아래로 압축된다. 서서히 밥이 떡이 된다. 우리가 식당에서 늘 먹는 밥이 이런 모양이다. 따뜻하지만 향도 식감도 온데간데없는 밥이다.

을지로에 있는 설렁탕집에 간 적이 있다. 나름 명성이 있는 오래된 식당이다. 설렁탕 국물과 김치 모두 노포다운 솜씨가 있었다. 하지만 밥이 5,000원짜리 한식뷔페보다 못했다. 뷔페에서는 차라리 내가 밥솥에서 직접 푸니 쌀이 좋고 나쁨을 떠나 일단 숨이 살

미리 지은 밥을 공기에 담아 온장고에 보관하느라 뭉친 밥은 뜨거운 국물에 말아도 숨이 돌아오지 않는다.

아 있다. 공기에 미리 담아놓은 설렁탕 노포의 밥은 눌리고 눌려 떡이 져 있었다. 밥 맛나게 먹으라고 정성 들여 탕 끓이고 김치 담가놓고, 밥은 숨을 죽여서 준다. 뜨거운 국물에 말아도 떡진 밥의 숨은 돌아오지 않는다.

서울 서교동의 돼지국밥집 옥동식을 열 때 옥동식 요리사가 오래 고민한 게 바로 이것이었다. 국 잘 끓여놓고 떡진 밥은 내지 말자고. 그래서 국물에 맞는 쌀을 찾았다. 여러 가지 품종 중에서 밥알이 큰 편인 신동진을 선택했다. 옥동식은 토렴해서 국밥을 낸다.

토렴은 과학이다. 보온밥솥이 없던 시대에는 이것이 최선이었다. 식은 밥을 뜨거운 국물로 토렴해서 냈다. 나주의 국밥이 맛있는 것은 한우를 사용해서가 아니다. 토렴을 해서 밥맛을 살려서 내기 때문이다. 전주나 군산의 콩나물국밥도 마찬가지다.

식은 밥은 한창 노화가 진행 중이다. 전분의 노화는 열과 수분을 잃는 과정이다. 뜨거운 국물을 부었다 따라내는 과정을 거치며 노화가 진행 중인 밥을 되살리는 것이 토렴이다. 밥이 식으며 수분이 증발하면 밥알의 부피가 줄어들고 단단해진다. 토렴을 하면 밥알의 수분이 증발한 빈자리를 고깃국물이 차지한다. 그러니 맛없을 수가 없다.

이제는 국이나 주요리만큼 밥이 중요하다는 사실을 안 식당이 많아졌다. 그런데도 여전히 대부분의 식당은 공깃밥을 사용하고 있다. 거창하게 1인당 하나씩 돌솥밥을 내자는 것은 결코 아니다. 돌솥밥 내는 곳 중에 뜸까지 제대로 들어 내는 곳도 그리 많지 않다. 그저 큰 전기밥솥에 밥을 해서 손님이 주문할 때마다 퍼줬으면 하는 바람이다. 바빠서 안 된다고? 그건 핑계다. 춘천의 오래된 닭갈빗집에 간 적이 있다. 밥을 주문하니 "잠시만요." 하고는 밥을 퍼줬다. 바쁜 곳이지만 그렇게 했다. 숨이 살아 있는 밥이 닭갈비의 맛을 한 단계 올렸다.

공깃밥이나 온장고는 편하다. 하지만 편함이 애써 만든 음식의 맛을 떨어뜨린다면 유지할 이유가 없다. 그 덕에 즉석밥이 사랑받는다. 즉석밥이 뛰어나게 맛있어서가 아니라 우리가 맛없는 밥을 먹고 있어서 그렇게 느낄 뿐이다.

일본 여행 가면 밥이 참 맛있다. 우리처럼 찬을 거하게 내주지 않는데도 그렇다. 일본 식당 유튜브를 보는데, 밥 짓는 모습이 나왔다. 쌀을 씻고 밥을 안친다. 밥을 할 때 솥 안에 면 보자기를 깐다. 처음에는 왜 그러는지 몰랐다. 나중에 보니 밥이 다 되고 뜸까지 들인 다음 밥을 보온통으로 옮기는데, 보자기째로 밥을 들어 보온통에 부었다. 일일이 밥을 퍼서 옮기는 시간을 절약하는 차원이었다. 그러고는 주문 들어올 때마다 밥을 퍼서 내주었다.

일본 쌀이 좋다고 한다. 일본에서 매년 상 받는 '용의 눈동자'라는 품종이 있다. 우리나라에서도 해남에서 재배하고 있다. 일본 쌀의 본고장이라는 아키타현에서 재배한 용의 눈동자를 맛본 적이 있다. 맛있었다. 국내에서 재배한 용의 눈동자도 일본 쌀보다 맛이 떨어지지 않았다. 일본이나 우리나 비슷한 품질의 쌀을 생산한다. 같은 품질의 쌀로 밥을 해도 식당에서 먹는 시점에서 우리만 맛없는 것을 먹는다.

쌀 관련해서 이런저런 이야기를 많이 했다. 외식업 대표들 앞에서 강연할 때는 제발 맛있는 밥 좀 달라 읍소도 했다. 정말로 하고픈 이야기는 바로 이거다. 쌀은 달라졌지만 먹고 있는 밥은 같다

가정에서나 식당에서나
기껏 비싼 쌀로 맛없는 밥 먹는 일을 그만둬야 한다.

는 것. 과거에 비하면 미질은 정말 좋아졌다. 도정 기술도 비교할 수 없는 수준이다. 1970년대의 정부미 품질과는 하늘과 땅 차이다. 하지만 밥맛은 아직도 그 시절에 머물러 있다. 쌀의 품질이 좋아진 만큼 밥을 대하는 우리의 태도도 바뀌어야 한다. 좋은 쌀 쓴다고 자랑하는 식당, 20kg 쌀 포대를 자랑하듯이 진열하는 식당이 많다. 자랑은 있는 힘껏 하고는 밥은 공깃밥으로 준다. 쌀이 중요한 것이 아니라 밥이 중요함을 잊었다. 1970년대 쌀이 부족했던 시절에 조금이라도 쌀을 덜 먹이기 위해 강제로 보급한 '쓰댕(스테인리스) 밥공기'는 이제 좀 버리자. 뚜껑만이라도 버리자.

이제는 토종쌀에 눈을 돌리자

사실 시비량과 쌀 품질의 상관관계에 관해서는 오랫동안 토종쌀 복원에 힘써온 이근이 농부에게서 이야기 들은 적이 있었다. 이근이 농부가 복원한 토종쌀은 2021년 현재 250종까지 늘어났다고 한다. 1910년 일제가 한반도에서 재배하는 쌀 품종을 조사했는데, 당시 한반도에서 재배하는 토종쌀의 종류는 1,451종이나 되었다고 한다. 마을 앞을 흐르는 개울을 건너거나 고개를 넘으면 쌀 품종이 달라진 셈이다. 당시 행정구역상 군의 숫자가

217개였으니, 군마다 지역의 맛을 품은 쌀이 예닐곱 종 있었던 것이 아닐까. 그만큼 다양했던 쌀이, 생산성에 밀려 사라졌다.

사라진 쌀을 찾아 복원하는 이근이 농부에게는 한 가지 원칙이 있다. "비료를 멀리해야 한다." 이 원칙을 지키지 않으면 토종쌀 농사는 짓기 힘들다고 한다. 비료를 많이 준 논에서 토종쌀 농사를 지으려면 아예 논을 몇 년 묵혀야 한다고 한다. 비료의 기운이 다 빠졌을 때 비로소 토종쌀이 잘 자란다는 것이다. 비료의 기운이 남아 있으면 벼가 웃자라거나 낟알 수가 많아져 쉽게 쓰러진다고 한다. 가을에 논 옆을 지나다 보면 유독 쓰러진 벼가 많은 곳을 볼 때가 있는데, 그런 곳 대부분이 과잉의 비료 탓이다. 설사 쓰러지지 않더라도 토종쌀이 가진 고유의 성질이 사라지고 모양만 겨우 쌀을 유지할 뿐이라고 한다.

이근이 농부가 복원한 수많은 토종쌀 중에 자광도紫光稻라는 품종이 있다. 도정한 백미는 회색 비슷한 색이 나지만 현미는 이름처럼 확실하게 붉은색을 띤다. 이 현미로 볶음밥을 하면 독특한 매력이 있다. 식당에서 탕, 떡볶이, 전골, 고기구이 등을 먹으면 마지막에는 볶음밥이다. 보통 백미로 지은 공깃밥을 사용한다. 이때 토종쌀인 자광도 현미로 볶음밥을 하면 전에 없던 식감을 제공한다.

우리가 먹는 쌀은 자포니카 품종이다. 찰기가 있다. 동남아를 비롯해 세계 대부분은 우리와 달리 찰기 없는 인디카종을 먹는다. 중국 일부와 한국, 일본만 자포니카 쌀을 먹는다. 인디카 쌀은 동북아의 환경과 잘 맞지 않는다. 자포니카 쌀로 한 일본의 볶음밥은 뭉쳐 있다. 대만이나 홍콩 등지에서 볶음밥을 주문하면 밥이 접시에 퍼져서 나온다. 쌀의 종류가 달라서 그렇다.

자광도 현미로 볶음밥을 하면 인디카 쌀로 한 밥처럼 밥알이 흩어진다. 그러면서도 밥알이 소스(나 국물, 기름)를 흡수해 잘 지니고 있어 일반 백미로 한 것보다 맛있는 볶음밥이 된다. 현미를 불려 따로 밥을 짓는 것이 귀찮겠지만, 식당에서 충분히 해볼 만한 시도다.

토종쌀을 사용하면 두 가지가 좋다. 첫 번째는 자연스러운 이야깃거리가 생기는 것이다. 복원한 250종의 토종쌀 중에서 지역에 맞는 것을 사용한다면 그 자체가 스토리다.

2023년 10월부터 궁리하고 있는 일이 지역에 맞는 쌀을 재배하고 판매하는 것이다. 지역은 김제. 김제는 벽골제가 유명하다. 삼한 시대의 저수지가 벽골제다. 벽골제가 있는 김제에서 토종쌀 농사를 짓기로 했다. 그 토종쌀로 막걸리도 만들 생각이다. 고생은 많고 돈은 벌 수 없지만, 재밌는 일을 진행한다는 생각만으로도 벌써 배가 부르다.

요즘은 식당 운영에서 스토리텔링을 중시한다. 어떤 실마리라도 잡아서 스토리를 만들어낸다. 재료든, 상호든, 인물이든 말이다. 그 결과 아침 방송이나 저녁 7시 방송에서 소개되는 식당의 말 같지 않은 메뉴가 많아졌다. 하지만 실제로 더 맛난 음식을 내기 위해 노력하는 이는 드물다. 스토리텔링을 위해서라도 재료를 공부하고 응용할 필요가 있다.

두 번째로는 종자 주권이다. 우리가 먹는 대부분 농산물은 다국적 종자회사에서 사온 씨앗으로 지은 것이다. 한동안 파프리카 씨앗의 가격이 금보다 비쌌다. 종자 한 알 가격이 500~1,000원으로, 12g에 6만~12만 원이었다. 당시 금 가격보다 두세 배 비싼 가격이었다(2014년 기준). 네덜란드의 종자회사가 독점 공급하기에 농민들은 비싼 가격에 씨앗을 살 수밖에 없었다. 곡물도 마찬가지다. 일반 종자회사든 농협이든, 농민들은 이들로부터 종자를 사야만 농사가 가능하다. 구입하는 모든 종자가 F1이기에 수확해서 심어도 똑같은 것이 나오지 않는다. F는 Filial generation의 약자다. F1은 자식 1세대라는 의미로, 다음 세대에 전 세대의 우수한 형질이 전달되지 않기에 매해 종자를 사야 한다. 이러면 농가는 종자회사에 종속될 수밖에 없다. 토종 종자는 같은 형질을 가진 씨앗을 남긴다. 수확한 종자를 심으면 되기에 종자를 살 필요가 없다.

종자 자체가 스토리를 지니고 있어 억지로 조선 왕을 들먹이는 스토리를 만들 필요가 없어지고, 종자 주권을 농민에게 돌려줄 수도 있다. 토종쌀을 먹어야 할 충분한 이유다.

토종쌀도 좋고 소식 재배, 유기 재배도 좋다. 최고품질 벼로 밥을 짓는다 자랑하는 것도 좋다. 진짜 하고픈 이야기는 식당에서 공깃밥을 없애는 것이 더 중요하다는 것이다. 식당을 찾는 이에 대한 배려에 맛이 들어갔으면 좋겠다. 일하는 이의 편리보다 더 중요한 것이 밥맛을 배려하는 것이다. 맛있는 밥을 먹는 데에는 쌀 품종이나 재배법보다 공깃밥의 뚜껑을 버리는 것이 더 중요하다.

2장 채소의 맛있는 쓴맛이 사라지고 있다

맛있는 쓴맛이 사라지는 이유

어린아이가 채소를 싫어하는 이유가 쓴맛 때문이다. 브로콜리, 피망 등이 아이들이 싫어하는 대표적인 채소다. 모든 부모가 아이들에게 채소를 먹이려고 애를 쓴다. 애니메이션 영화 〈인사이드 아웃〉에 주인공이 어릴 적 브로콜리 먹는 것을 나쁜 기억으로 회상하는 장면이 나오는 걸로 봐서는 만국 공통인 듯하다.

아이들이 채소를 먹기 싫어하는 것은 어르고 달래고 혼내서 해결할 문제가 아니다. 아이가 좋아할 만한 채소를 먹게 하는 것이 답이다. 어른들이 골라 먹으면 취향이라고 하면서, 아이들이 골라 먹으면 편식이라고 한다. 내 딸아이는 어릴 때는 여러 채소 중에서 상추, 오이만 먹다가 나이를 꽤 먹은 지금은 양배추와 양상추까지 먹는다. 아이를 키우면서 굳이 모든 채소를 다 먹일 생각은 하지 않았다. 살다 보면 익숙해질 때가 있다. 구순 가까운 노모도 여전히 대파를 안 드신다. 나도 그 영향으로 군대 가기 전까지 대파를 먹지 않았다. 익숙해지는 데 오래 걸렸다.

쓴맛 나는 채소로 냉이, 씀바귀 같은 봄나물이 꼽히지만, 채소는 대부분 쓴맛을 가지고 있다. 상추도 쓴맛 나는 채소지만, 딸아이는 배추처럼 비교적 쓴맛이 적은 채소보다는 상추를 더 잘 먹는다. 쓴맛도 쓴맛이지만 식감도 채소에 대한 호불호에 영향을 크게 미친다. 생각해보면 어릴 때는 배추김치의 흰 줄기 부분을 골라 먹었다. 아삭한 맛이 좋아서 그랬던 거 같다. 50대 중반이 된 지금은 넓은 푸른 잎 부분을 더 좋아하게 됐다.

동네에 가끔 가던 돼지갈빗집이 있었다. 포를 뜬 돼지갈비를 구워 먹는 곳인데, 딸아이가 좋아해서 자주 찾았던 곳이다. 어느 날 갔더니 프랜차이즈 고깃집으로 바뀌어 있었다. 목살이나 앞다릿살로 포를 떠 갈비 흉내를 낸 양념 돼지고기를 냈다. 양념 맛으로 먹는 돼지갈비인지라 고기에 불만은 없었다. 문제는 상추였다. 겉보기에는 멀쩡해 보였다. 갈비를 싸서 입에 넣는 순간, 이건 아닌데 하는 생각이 들었다. 상추 맛이 나지 않았다. 마치 얇은 종잇장에 고기를 싸서 먹는 것 같았다. 상추를 들고 흔들어봤다. 부채로 쓸 수 있을 만큼 잎이 두툼하고 억셌다. 그런데도 상추 맛이 안 났다. 주변 테이블을 보니, 다들 상추 바구니는 밀어두고 파무침이나 명이나물에 고기를 먹고 있었다. 두 번 다시 그 집에 가지 않았다.

고깃집에서 상추나 다른 채소를 먹어보면 쓴맛만 나는 경우가 많다. 상추가 원래 쓴맛이 나는 채소이지만, 쓴맛은 단맛을 딛고서 있어야 제대로 맛으로 기능한다. 봄에 먹는 산나물은 여느 채소보다 몇 배 더 강한 쓴맛이 난다. 하지만 쓴맛 뒤에 오는 부드러운 단맛이 있어 봄이면 너도나도 찾는다. 산나물처럼 긴 여운의 단맛이 같이 있으면 쓰다고 하지 않고 쌉싸름하다고 한다.

"맛있는 쓴맛이 사라지고 있어요."

충북 충주 신니면에 있는 장안농장 류근모 대표의 푸념이다. 류 대표는 수십 년간 유기농으로 채소 농사를 짓고 있으며, 농장 입구에서 채식 뷔페 '열 명의 농부'를 운영하고 있기도 하다. 이곳은 우리나라에서 가장 신선한 채소를 먹을 수 있는 식당이다. '농장에서 식탁으로farm to table'의 거리가 수 미터에 불과하니 말이다. 그러니 이곳에서 먹는 채소는 맛있다. 신선하기 때문이다. 신선한 게 좋다는 건 어떤 식재료에나 해당하는 명제다. 그런데 채소는 더하다.

채소는 수확 직후가 가장 맛있다. 수확한 후에도 채소(식물)의 생리활동은 계속된다. 줄기에서 따고, 땅에서 뽑아도 계속 살아 있는 상태인 것이다. 뿌리 있는 대파를 다시 흙에 심으면 오랫동안 보관할 수 있는 게 그런 까닭이다. 그렇다고 해서 언제까지나 살아 있는 건 아니다. 수확하는 순간부터 뿌리에서 수분과 에너지를 전달받지 못한다. 잎과 줄기는 제가 가지고 있는 에너지와 수분을 소모하며 생리활동을 한다. 이때 소모되는 에너지가 바로 포도당과 과당이다. 그래서 수확한 지 오래 지난 채소는 단맛도 없고 시들하다. 과일의 경우는 수분을 일부러 증발시킴으로써 당도를 올려 건조 과일을 만들기도 한다. 채소는 건고추, 시래기 등 보존을 위해 일부러 말리는 것 외에는 오래된 것의 이점이 없다.

누구나 채소는 신선한 것을 사야 한다고 강조한다. 뉴스든 아침 정보 프로그램이든 그리해야 한다고 한다. 그래서 마트에 가면 신선해 보이는 채소를 고른다. 분명 신선하면 맛이 있어야 하는데, 내가 산 채소는 아무런 맛이 없는 경우가 많다. 소비자는 모두 신선한 채소를 구입하려 애를 쓴다. 그런데도 맛있는 쓴맛이 나는 채소 먹기가 어렵다. 실제로 채소를 사거나 식당에서 생채소를 먹으면 식감은 질겅거릴 뿐 아삭함도 적고 단맛도 나지 않는다. 단맛이 사라지고 질겅거리기만 하는 채소가 많아진 이유는 무엇일까?

크고 모양 좋은 채소의 함정

채소는 과일과 더불어 신선한 것이 구입 기준이 되는 대표적인 식재료다. 그런데 어느새 신선함이 '모양 반듯하고 큰 것'과 동일시되고 있다. 방송에서, 신문에서, SNS에서 채소 고르는 요령을 앵무새처럼 반복하다 보니, 그리 아는 사람이 많다. 심지어 요리를 전문으로 하는 사람들조차 그렇게 이야기한다.

자연에만 의존해 모양 좋고 큰 것을 키우기는 어렵다. 비료를 주고 농약을 쳐야만 가능하다. 비료의 종류는 크게 무기질과 유기질로 나뉜다. 무기질 비료는 질산(N). 인산(P), 칼륨(K)을 기본으로, 망간(Mn)이나 철(Fe) 같은 미량원소를 더해 만든다. 단일 성분만 쓰거나 복합해서 사용한다. 비료는 식물의 성장과 크기에 영향을 준다. 부족하면 잎이 누렇게 되거나 성장이 둔화된다. 유기질 비료는 탄소(C)가 들어 있는 비료다. 축산 분뇨, 생선 찌꺼기, 채소와 과일 처리 시설의 찌꺼기 등 살아 있던 것에서 유래한 것이다. 무기질 비료는 즉시성의 효과를 주고 유기질 비료는 천천히 토양을 통해 작물에 영양분을 공급한다.

적절한 시비량이 있지만 준수하는 경우는 드물다. 한동안 지방 출장을 다닐 때 가끔 보이던 플래카드에는 이런 문구가 쓰여 있었다. "적정 시비량 준수". 아무리 좋은 것이라도 과하면 되는 일보다 안 되는 일이 더 많다. 비료가 그렇다. 비료 한 줌이 생산량 증대와 직결되다 보니 생산자로서는 비료를 더 주고 싶은 욕심을 피하기 어렵다. 적정 시비량을 넘어 비료를 주면 영양 과잉이 된 땅이 잡초를 기르고, 벌레를 불러들인다. 땅이 주는 신호에 사람은 농약을 치는 것으로 대응한다. 이는 나의 주장이 아니다. 수십 년 유기농 농사를 짓고 있는 산청 정부환 농부의 이야기다. 수확량을 늘리기 위해 비료를 주고, 그 때문에 생기는 잡초와 해충은 농약을 쳐서 해결하는 농사를 지으면, 크고 모양 반듯한 채소가 우리 곁에 온다.

하우스 농사를 짓는 농민들은 수확 후 밭(하우스 바닥)에 물을 가득 채워둘 때가 있다. 비료와 숙성이 덜 된 퇴비에서 나온 소금기 때문인데, 정기적으로 물을 채워서 희석시키거나 다른 지역의 흙을 가져다 섞어주면서 염도를 낮춘다. 이런 일을 하는 것도 크고 모양 좋은 채소를 키우려면 비료와 농약이 필수이기 때문인데, 참으로 번거롭다.

동일한 땅에 동일한 작물만 계속 재배하는 것을 단작單作이라 한다. 똑같은 작물을 계속 심으면 수확량이 감소하거나 바이러스 등의 병원성 미생물의 공격에 취약해진다. 18~19세기에 아일랜드에서 있었던 감자 대기근이 대표적인 단작 피해 사례다. 계속해서 한 품종의 감자만 심다 보니 바이러스성 질환이 감자 농사를 망쳤

양액 재배한 채소는 깨끗하고 보기 좋지만, 결코 풍부한 맛을 가지지는 못한다.

고, 식량의 대부분을 감자에 의존했던 아일랜드는 대기근을 겪게
된 것이다.

　토경 재배를 하면서 맞닥뜨리는 이 불편함을 해결한 게 바로 양
액 재배다. 수경 재배라고도 한다. 양액이란 '영양액'을 줄인 말로,
거창한 거 없이 액상 비료를 가리킨다. 양액 재배는 땅과 흙 대신
베드와 충전재가 필요하다. 베드는 일종의 상자다. 거기에 충전재
(흙 대신 작물을 지탱해주는 물질로, 화산재나 코코넛 껍질 등으로 만든
가공품이 쓰인다)를 채운다. 연결한 기계에 비료 물을 채워두면 시
간 맞춰 베드에 흘려준다. 사람은 시간만 설정해주면 된다. 베드에
흘려주는 대신 아예 작물을 공중에 매달아 충전재 없이 뿌리를
노출시켜 키우며 양액을 뿌리에 직접 분사하는 방식도 있다.

　사람 대신 기계가 알아서 조절해주니 스마트 농업이라고도 한
다. 재배 공간의 온도와 비료의 양과 시간을 자동으로 맞춰준다.
장점은 노동력 절감, 단점은 막대한 초기 투자비용과 운영비. 땅에
심어 키우는 토경 재배보다 효율도 좋고 허리를 굽히지 않아서 작
업 환경 또한 좋다. 흙을 묻힐 일 없이 재배하기에 작물이 깨끗하
다. 수경 재배라는 말에서 깔끔한 생산물과 깨끗한 이미지가 연상
된다. 하지만 그냥 물이 아니라 비료가 든 물임을 잊지 말아야 한
다. 한 번 베드를 지나며 식물이 흡수하지 못한 양액은 땅에 스며
들거나 하수도로 빠져나가 토양과 수질을 오염시킨다. 2021년 농진

청 보도자료에 의하면, 국내 수경 재배 면적은 2000년 474헥타르에서 2021년 5,634헥타르로 12배가량 늘었다고 한다. 하지만 사용한 양액을 재활용하지 못하고 그대로 흘려보내는 경우가 95%라고 했다.

2000년대 초반, 경기도 고양시에 있는 토마토 농장을 자주 찾았다. 양액 재배로 토마토를 키우는 농장이었다. 당시로서는 토마토 양액 재배가 획기적인 일이었다. 그 농장은 생식용으로는 토마토를 유통하지 않았다. 토마토를 갈아 저온 살균 주스로 만들었다. 토경 재배한 농산물은 저온 살균 음료로 제조하는 것이 불가능하다. 흙 속에 있는 미생물이 저온에서는 죽지 않고 살아남아 유통 중에 발효나 부패를 일으킬 수 있기 때문이다. 살균한 양액으로 토마토를 수경 재배하기에 저온 살균 주스 생산이 가능하다고 농장 대표가 설명했다. 또 하나, 토경 재배하는 토마토는 계절이 바뀔 때마다 생산이 잠시 줄어들고 가격이 오른다. 아무리 하우스 농사로 짓는다 해도 기온 변화의 영향을 받는다. 하지만 양액 재배를 하면 365일 안정적으로 토마토를 생산할 수 있다. 가공식품의 원료가 되기에 더 유리한 조건인 것이다.

이런 이유로 양액 재배는 점점 늘어나고 있다. 토마토, 딸기, 파프리카, 멜론, 풋고추, 오이, 가지, 엽채류가 양액 재배하는 대표적인 품목이다. 이 중에서 딸기, 토마토 등 과채류 비율이 2020년 현

용도별로 잘 손질해 팔고 있는 채소, 그런데 맛은 있을까?

재 98.6%라고 한다.

생산자 입장에서 양액 재배의 장점은 명확하다. 첫째, 단위 면적당 생산량이 많다. 땅에 심으면 그 땅만큼만 심을 수 있지만 양액 재배를 하면 층층이 베드(식물을 심은 물탱크)를 놓을 수도 있고 공중에 띄워서 재배할 수도 있는 데다 땅에 심는 것보다 더 빽빽하게 재배할 수 있으니 당연하다. 둘째, 작업이 훨씬 수월하다. 땅바닥에 작물을 심을 때는 씨를 뿌리느라, 모종을 심느라, 잡초를 뽑느라, 벌레를 잡느라, 수확을 하느라 늘 쭈그려 앉아야 한다. 허리고 무릎이 성할 날이 없다. 최근에는 전통 방식으로 토경 재배하는 농장에서는 외국인 노동자도 구하기 어렵다고 한다. 노동강도가 그만큼 세기에 웃돈을 써도 사람 구하기가 어렵다. 하물며 비료 덜 쓰고 농약 안 쓰는 유기농 재배는 말할 것도 없다. 양액 재배를 하면 허리 높이의 베드에서 작물을 키우니 허리 숙이고 무릎 꿇을 일이 사라진다. 넓고 평평한 베드 사이로 운반차도 운행할 수 있어 수확도 편하다. 수확해서도 채소 뿌리나 잎에서 흙을 씻어낼 필요도 없다. 셋째, 샐러드 등 새로운 사용처 확장을 할 수 있다. 양액 재배는 토경 재배보다 전 처리가 쉽다. 토경 재배를 한 작물을 출하할 때는 작물에 묻은 흙을 제거하는 게 힘들지만, 양액 재배한 작물은 그럴 필요가 없다.

그런데, 고양의 토마토 농장에서 양액 재배한 토마토를 생식용으로 유통하지 않는 이유는 더 근본적인 것이었다. 그 농장 대표가 한 말이다. "우리 토마토는 그냥 먹기에는 너무 맛이 없어요."

양액 재배를 걱정하는 이유

1970년대 후반이니 내가 초등학교(당시엔 국민학교) 다닐 때였다. 아버지가 밥상 앞에서 한마디 하셨다. "하우스에서 재배한 건 심심해. 노지에서 재배해야 맛있지." 우리나라에 하우스 농사가 처음 도입된 것이 1962년이다. 그 하우스도 땅에 작물을 심어 재배하는 것인데, 채소 맛이 심심하다고 하셨다. 이제 세월이 흘러 하우스 농사도 옛날 방식이 되었다. 그때 아버지가 노지 농사가 하우스 농사로 바뀌는 것을 걱정하셨는데, 이제 내가 토경 재배가 양액 재배로 바뀌는 것을 걱정하고 있다.

양액 재배가 생산자들에게 편리한 것이 배 아파서가 아니다. 그 이유는 단 한 가지, 맛 때문이다. 양액 재배한 것은 깔끔하다. 깨끗하고 모양도 좋다. 크기도 좋다. 온도, 습도, 영양 모든 것을 정확히 제어하기에 그렇다. 하지만 정작 중요한 맛은 땅에서 재배한 것에 비해 모자란다.

경남 남해 출장을 다녀올 때였다. 오는 길에 서남농협 하나로마트에 들렀다. 출장 오가는 길에 로컬푸드 매장이 있으면 살 것이 없어도 잠시 들어가 구경한다. 때는 딸기가 한창인 1월이었다. 다른 매장과는 달리, 토경 재배와 양액 재배를 구분해서 판매하고 있었다. 품종과 더불어 재배 방식까지 명시해 소비자가 고를 수 있게 한 것이다. 양쪽을 비교하니 당도는 비슷했다. 식감과 향에서는 토경 재배한 것이 양액 재배한 것과 비교할 수 없이 좋았다. 토경 재배한 딸기는 고개만 숙여도 향이 올라왔다. 양액 재배한 딸기는 포장지에 코를 박고 킁킁거려야 겨우 향을 맡을 수 있었다. 가격은 비슷하다. 토경 재배는 생산량이 적은 데다 인건비가 더 들고, 양액 재배는 시설비가 더 든다.

1970년대 비닐하우스 재배를 장려하면서 내건 장점은 계절을 지우는 것이었다. 한겨울에도 채소 키우고 과일 키워 농가소득 증대에 기여한다고 했다. 그때부터 농번기와 농한기 구분이 점차 사라졌다. 농한기와 함께 제철 개념도 사라졌다. 2020년대 들어 양액 재배를 스마트 농업이라 치켜세우면서는 농한기, 제철과 함께 농토도 지우고 있다.

노동력 절감하고, (땅에서 안 키우니) 병충해도 저감하고, 수확량 확대하고… 다 좋다. 그런데 세상일이란 얻는 게 있으면 내주는 것도 있는 법이다. 양액 재배로 얻는 것 대신 내준 것이 향이다. 씹는 맛이다. 양액 재배를 한 작물의 향과 맛이 여린 이유에 관한 과학적 증거는 아직 부족하다. 거의 없다시피 한 연구 논문 중에서, 들깻잎의 품종과 재배 방식에 따른 성장과 수확량 그리고 들깨 특유의 영양 성분을 비교한 연구가 있었다. 수경 재배의 장점인 다수확에 관해서는 통계적으로 입증되었다. 그런데 들깻잎의 주요 기능 성분(로즈마린산, 폴리페놀 및 플라보노이드 화합물들)은 토경 재배한 것에 수경 재배한 것보다 훨씬 많이 함유되어 있다고 나왔다(김정인 외, 〈잎들깨 품종별 토경 및 수경재배에 따른 생육 및 품질 비교〉, 《KJMCS(한국약용작물학회지)》, 2023, 31(3): 159-168).

그런데 들깻잎 맛의 특성을 내는 유리아미노산, 단맛을 내는 과당과 포도당 함유량을 비교 분석한 논문은 전무했다. 품종 간의 차이를 비교한 것은 있어도 재배 방식에 따른 차이를 분석한 자료는 없다. 두 재배 방식을 비교한 것은 경험적 진술이 전부다.

양액 재배보다 토경 재배한 작물이 맛있다거나 유기 재배나 자연 재배한 작물이 더 맛있다고 말할 때 항상 답답하다. 3대 영양소나 5대 영양소의 양은 재배 방식이 어떠해도 비슷하다는 논문은 많지만, 식품이 가져야 할 기본 덕목인 향이나 맛에 관한 논문은 찾을 수 없어서다.

재배 방식에 따라 맛이 다르다는 걸 숫자로 보여주며, 그러니 가격이 다를 수밖에 없다고 생산자들을 설득하고 소비자들에게 말하고 싶었다. 20여 년 전부터 생산자들을 만나면 관행 농산물과의 비교 데이터를 축적할 필요가 있다고 주장했다. 관행 농법으로 재배하는 농산물과 다른 맛과 향 성분에 대한 데이터를 축적해야만 유기농 재배의 가치를 인정받을 수 있다고 역설했다. 정부에서 지원하는 사업을 수행할 때 시간이 걸리는 연구보다는 대부분 물류 개선이라는 명목의 사업만 진행되는 것이 아쉽다.

그러나 양액 재배한 작물보다, 관행 농법으로 비료와 제초제 뿌려 키운 작물보다, 토경 재배한 작물, 유기농으로 키운 작물이 맛있다는 입의 경험은 무시할 만한 것은 아니다. 봄에 들과 산에서 채취한 나물과 밭에서 기른 나물이 다른 것처럼, 토경 재배한 것과 양액 재배한 것은 맛과 향에서 차이가 있다는 걸, 먹어보면 알 수 있다.

향이 있어야 채소다

문제는 어린아이들이나 젊은 세대가 채소의 맛을 알지 못하는 것이다. 먹어봐야 알 수 있는데, 먹어본 적이 없다. 채소 자체를 먹지 않는다는 말이 아니다. 양액 재배한 채소, 관행 농법으로 지은 채소만 먹어봤기에 채소 본연의 맛과 향, 식감을 느껴본 적이 적다는 것이다. 채소 자체의 맛과 향이 살아 있다면 다른 게 필요 없다. 그걸 알기 위해서라도 맛있는 채소를 먹어봐야 한다. 그 경험을 할 수 있는 곳이, 채소의 맛이 얼마나 다를 수 있는지를 알려주는 곳이, 충주에 있다. 이 글 앞에서 언급한, 장안농장에서 운영하는 '열 명의 농부'다.

쌈을 위주로 하는 채식 뷔페인 이 식당에서 딸아이와 점심을 먹고 서울로 올라왔다. 아이가 채소를 제법 잘 먹기에 집으로 들어가며 대형 마트에서 채소를 사서 저녁에도 쌈을 먹었다. 그런데 아이가 "왜 낮에 먹은 거랑 다르지?" 하며 고개를 갸웃거렸다.

'열 명의 농부'에서는 쌈 싸 먹으라고 고기를 주지 않는다. 고기가 있긴 한데 식물성 고기다. 고기 없이 쌈채소만 잔뜩 준다. 어느새부터 '쌈=고기'가 된 우리네 식성을 생각하면 이래서야 장사가 되겠는가 싶지만, 쌈을 먹으며 고기 생각이 나지 않는다. 이곳에서 내는 채소에는 쓴맛을 단단하게 받치는 단맛이 있기 때문이다. 내

쌈채소가 맛있으면 고기는 필요 없다.

경험으로는 맛있는 채소를 먹을 때는 고기가 필요 없다.

'열 명의 농부'에서 채소를 먹을 때 고기 생각이 나지 않는 이유
가 또 하나 있다. 향 때문이다. 한 식당에서 채식 메뉴를 원 테이블
로 구성하려 한다며 자문을 요청하기에 '열 명의 농부'에 가서 식
사를 해보라고 권했다. 며칠 후 전화가 왔다. 채소에 그런 향이 있
는 줄 몰랐다며 놀라워했다.

채소의 향 얘기를 더 해보자. '장흥 삼합'이라는 음식이 있다. 표
고버섯, 키조개 관자, 쇠고기를 함께 구워 먹는 음식이다. 홍어삼

합을 흉내 낸 구성이긴 하나, 나름 괜찮은 음식이다. 지역에서 나는 세 가지 식재료를 잘 모았다.

장흥에 방문한 모든 이가 사시사철 이 음식을 먹는다. 사계절 먹을 수는 있겠지만, 나는 먹는 철이 따로 있다고 생각한다. 봄이 으뜸이고, 그다음은 늦가을과 초겨울이다. 이는 세 가지 식재료 중 향을 담당하는 표고버섯의 제철 때문이다.

장흥은 표고를 원목 재배한다. 버섯 농사에서 원목 재배와 배지 재배는 채소 농사에서 토경 재배와 양액 재배의 관계와 비슷하다. 원목에 포자를 접종하고 1년 6개월이 지나면 버섯을 수확할 수 있다. 배지 재배를 하면 6개월째부터 수확한다. 토경 재배와 양액 재배처럼, 원목 재배는 인건비가, 배지 재배는 시설비가 더 든다. 원목 재배를 하면 자연을 따르니 봄, 가을에만 수확한다. 배지 재배는 사시사철 버섯을 낼 수 있다. 장흥에서 원목 재배한 표고는 3~4월에 가장 많이 나온다. 원목 재배해서 제철에 수확한 표고버섯은 향과 식감이 끝내준다. 그러니 장흥 가서 삼합을 드실 때는 참기름은 멀리하시기를. 참기름 찍는 순간 표고 향이 묻힌다. 표고 구울 때 뿌리는 소금 정도면 간이 딱 맞다.

장흥 삼합의 제철로 봄이 으뜸인 것은 표고버섯 말고도 키조개의 제철이기 때문이다. 키조개는 여름에 산란을 하는데, 봄에 영양분을 많이 쌓아 가장 통통하고 맛있다.

배지 재배한 표고버섯(위)과 원목 재배한 표고버섯(아래).
원목 재배한 표고버섯의 향과 식감은 참기름이 필요 없다.

고유의 맛과 향이 약해지면서, 채소는 건강 때문에 억지로 먹는 음식이 되었다. 그러면서 정작 쌈 먹을 땐 채소보다 고기가, 샐러드 먹을 땐 채소보다 드레싱소스가 더 중요해졌다. 건강 때문에 채소를 많이 찾으면서 샐러드 전문점이 여기저기 생겨났다. 그런데 그 전문점에 가면 막상 채소 구성은 거기서 거기다. 중요하게 선택해야 하는 것은 '추가되는 식재료', 즉 아보카도니 훈제연어니 닭가슴살이다. 그다음이 드레싱소스다. 건강 때문에 샐러드 전문점을 찾는데, 채소가 맛이 없으니 단맛 나는 소스를 뿌려 먹는다. 아이러니한 일이다.

상추는 상추대로, 루콜라는 루콜라대로, 치커리는 치커리대로, 적겨자는 적겨자대로 저마다의 향이 있다. 따로따로 먹으며 맛과 향을 느끼는 것도 즐겁지만, 샐러드나 모둠 쌈으로 함께 먹을 때 입안에서 씹을 때마다 서로 다른 향과 맛이 톡 쏘고 이내 섞이고 어우러지는 것을 느끼는 것은 정말 즐거운 미각 경험이다.

채소의 진짜 맛이 잊히기 전에

가구당 가족 수가 줄어들면서 생채소를 종류별로 구입해 먹기도, 보관하기도 어려워졌다. 그러니 한 번씩 생채소를 먹고 싶을 땐 마트에서, 편의점에서 포장된 것을 사다 먹게 되었다. 소비자 입장에서는 어쩔 수 없는 일이다.

생산자나 유통업자도 어쩔 수 없다고 한다. 채소는 모든 식재료 중에서도 저장성이 극악이다. 그러니 봄채소 수확하고 나서 한여름이 되면 채소 값이 폭등한다. 식당이나 식품회사로서는 안정적인 가격으로 원활하게 식재료를 수급하는 것이 생명이다. 그러니 하우스 재배를 넘어 양액 재배가 필요하다.

어쩔 수 없는 것을 인정하더라도, 걱정이 된다. 지금의 청소년 세대가 돈을 벌고 쓰는 나이가 되었을 때, 그때 채소는 양액 재배한 것만 남지 않을까? 어차피 지금도 양액 재배한 채소만 먹으니 채소 본연의 맛과 향, 식감은 잊지 않을까? 한 번 잊힌 맛을 되찾는 건 거의 불가능하다. 채소의 맛있는 쓴맛, 그 쓴맛을 받쳐주는 단맛을 맛본 적 없는 세대가 앞으로 그런 채소를 찾을 확률은 극히 낮다. 맛없는 쓴맛에 질겅거리는 채소로 충분하다 여기며, 채소는 맛이 아니라 건강 때문에 어쩔 수 없이 먹는 음식이 될 것이다. 차라리 비타민 영양제를 먹는 게 낫다고 여길지도 모른다.

식당이 먼저 생각을 바꿔보자. 고깃집이라면 이런저런 쌈채소를 다양하게 내는 것보다 단 한 종류라도 맛있는 채소를 내려고 시도해봤으면 좋겠다. 그 한 가지 채소가 맛있다면 고기 주문량도 늘 것이다. 이것저것 내기 위해 관리하는 비용도 줄일 수 있을 것이다. 이것저것 냈다가 손님들이 손대지 않아 폐기되는 채소 양도 줄 것이다.

그러니 더 늦기 전에 채소의 맛을 경험해봤으면 좋겠다. 조금만 찾아보면 채소의 향과 맛을 음미할 수 있는 기회가 있다. 여러 번 언급한 '열 명의 농부' 채식 뷔페도 그렇고, 자연 재배 채소를 꾸러미로 보내주는 농장이나 농가도 많다. 다만 우리가 흔히 이용하는 대형 마트나 온라인 쇼핑몰에 없을 뿐이다.

채소를 잘 고르는 요령을 나에게 묻는다면 나는 이렇게 답할 것이다. "외형을 포기하세요. 겉이 반듯하고 상처가 없는 것은 보기에는 좋아도 입으로 먹을 때는 맛이 없을 수 있어요." 대부분 음식을 전문하는 이들은 반대로 말할 것이다. "상처 없고 크고 묵직한 걸 고르세요." 선택은 소비자의 몫이다. 맛과 향으로 고를 것인지 아니면 외형으로 고를 것인지 말이다. 외형을 포기하는 순간 채소와 과일은 당신에게 향기로운 맛으로 다가올 것이다.

고랭지 배추는 왜 비쌀까

7~9월에는 배추김치를 멀리한다. 그 시기에는 동네 분식집이나 고속도로 휴게소에서 라면 먹을 때도 김치를 먹지 않는다. 배추가 맛이 없는 시기라서 그렇다. 배추는 여름에 나는 작물이 아니다. 배추가 나는 철은 봄과 가을이다. 제철이 아닌 배추를 애써 재배해 여름에 내는 이유는 사람들이 찾기 때문이다. 20세기만 해도 김장김치로 겨울을 나고 봄에는 봄동김치, 여름에는 오이소박이 등등 다양한 채소로 김치를 담그거나 겉절이를 해 먹었지만, 지금은 사시사철 배추김치를 먹는다.

고랭지 농사는 여름에도 배추김치를 먹을 수 있게 하기 위한 것

강원도 고지대에서 재배하는 고랭지 배추.

이다. 한여름에 자라는 고랭지 배추가 과연 좋은지에 대한 의문은 갖지 않는다. 한여름 배춧값이 급등하면 관심을 조금 갖다가 만다. 왜 한여름 배추가 비쌀까? 배추의 원산지는 중국 북방 지역이다. 서늘한 기온에서 자라는 채소라는 말이다. 한반도에서도 수확 끝난 논이나 밭에 씨를 뿌려 가을철에 주로 재배한다. 한여름에 배추가 자랄 수 있는 곳이 강원도밖에 없다. 여름에도 비교적 서늘한 강원도 고지대에서 배추를 키우지만, 그럼에도 비료와 농약이 가을에 키우는 것보다 많이 들어야 모양이 그럴듯한 배추를 생산할 수 있다.

한국에서 김치 하면 배추김치가 다인 것처럼 인식되는 이유는 분명 있다. 배추김치 하나 있으면 찌개를 끓이거나 찜을 하거나 반찬의 반은 해결된다. 이렇게 쓸모 있는 배추김치를, 먹지 말자고 할 수는 없다. 다만, 배추김치 말고 다른 김치도 즐겨보자. 모든 식재료가 그렇지만, 김치도 제철 김치의 맛이 있으니 말이다.

3장 향이 없는 과일을 먹게 된 사연

추석을 앞둔 난리법석

2013년 8월에 나주로 출장을 갔다. 역대급으로 이른 추석(9월 19일)을 맞게 된 해였다. 추석이 9월 중순이면 차례를 겨냥한 상품이 8월 중순부터 나와야 한다. 나주에 간 것은 배의 작황을 살피기 위해서였다. 하우스에 들어가니 잘 익은 배가 주렁주렁 열려 있었다. 크기도 1다이(15kg 기준 상자에 20개 미만으로 들어갈 정도의 크기)로, 시장에서 가장 선호하는 상태였다. 생산자와 이런저런 얘기를 나누고는 맛을 봤다. 무였다. 채소 무와 같은 맛이 났다는 뜻이 아니다. 말 그대로 아무 맛도 안 났다. 눈살을 찌푸리며 음미해야 겨우 맛과 향을 희미하게 느낄 정도였다. 그런 것이 최상품이라고 했다.

누가 먼저 시작한 것인지는 모르겠지만, 언제부턴가 과일을 평가하는 기준이 크기가 되었다. 특히 차례상에 올리는 사과와 배 같은 과일은 '크다=탐스럽다'가 되었다. 주로 선물용으로 팔리기 때문에 겉보기가 좋은 게 중요한데, 문제는 여기서 생긴다.

9월 추석에 맞춰 과일을 출하하고, 게다가 크기까지 키우려면 한겨울에 꽃을 피워야 한다. 배나무는 자연에서는 4월에 꽃을 피우지만 인공적으로 조건을 맞춰 한겨울에 꽃을 피우게 하는 것이다. 늦어도 3월에는 꽃을 피워야 추석 시장에 맞춰 배를 출하할 수 있으니 어쩔 수 없다. 하우스에 보일러를 때 온도를 높여 꽃이 일찍 피게 한 후 지베렐린gibberellin이라는 성장호르몬 처리를 해 인공수정을 한다. 가루받이를 위해서는 벌과 나비가 필요하지만, 이런 호르몬 처리를 하면 벌과 나비 없어도 수정이 잘되려니와 과수 크기가 커진다. 성장호르몬 처리를 하면 세포 수가 많아지는 것이 아니라 세포 자체의 크기가 커진다. 빨리 크게 자란 것은 천천히 자란 것에 비해 단단함이 없다. 추석 시장에 맞춰 나온 배가 크기는 하지만 쉽게 물러지는 이유도 이 때문이다.

추석이 대목인 과일로 사과도 있다. 배가 크기로 어필한다면 사과는 선명한 빨간색을 내세운다. 맛있게 잘 익은 것처럼 보이기 때문이다. 모든 사과가 빨갛게 익는다고 알고 있지만 다양한 사과 품종 중에서 다수일 뿐 전부가 그렇지는 않다. 품종에 따라 황색과 녹색 바탕에 부분적으로 빨간색을 띠는 것도 있다. 백설공주의 사과처럼 새빨갛게 익는 사과는 극히 일부 품종이다. 사과의 색은 생각보다 다양하다. 껍질뿐 아니라 과육까지 빨간색인 레드러브도 있고, 황옥이나 시나노골드처럼 노랗게 익는 품종도 있다. 국내에서 재배하는 품종은 후지富士(국내에서는 한자 그대로 '부사'라고 부르는) 계통이 70%를 차지한다고 한다.

사과꽃이 지고 열매가 맺히면 시간이 지나면서 크기가 커진다. 기온이 30도 이하로 내려가면 사과 열매는 성장을 끝내고 색을 입는다. 퍼렜던 사과가 노랗게, 또는 빨갛게 익으면서 향기로운 냄새를 품고 단맛이 진해진다. 그런데 이렇게 햇빛에 의지해 성장하고 익으면 해를 받지 못하는 부분은 빨개지지 않는다. 9월에 사과 산지에 가면 사과나무 아래에 은박지로 만든 반사판이 깔려 있다. 해를 받지 못하는 사과 아랫부분에 빛을 주어 빨갛게 익히려는 의도다. 그래야 보기 좋게 골고루 빨개지고 잘 팔릴 테니까. 그런데 이렇게 반사판을 깔면 주변보다 온도가 뜨겁다. 나무에서 천천히 익어갈 사과가 열에 익는다.

추석이라는 대목을 앞두고 식품 생산과 유통을 담당하는 사람들은 모두 비상이 걸린다. 추석이 9월에 있든 10월에 있든 갈비는 6월부터 비축에 들어가고, 8월부터 냉동고에 있는 조기를 해동해 간을 해서 다시 냉동고에 넣는다. 유과를 만드는 반죽도 미리미리 해서 반대기를 지어 쟁여놓는다. 다른 건 모두 '미리미리'가 가능

추석을 겨냥한 과일들.
모양과 크기에 치중해 맛은 뒷전이다.

하지만 과일은 안 된다. 추석이 9월에 있으면 과일 유통 담당은 연초부터 초비상이 된다. 당연히 생산자들은 한겨울부터 하우스에 보일러를 틀고 성장호르몬 처리를 하고 은박지 반사판을 대느라 바쁘다.

이런 일이 생기는 것은 사과와 배 같은 과일이 주로 선물세트로 상품화되기 때문이다. '보기 좋은 떡이 먹기도 좋다.'는 속담처럼, 크고 빨간 과일이 탐스러워 보인다. 그런데 이렇게 탐스러워 보이는 과일이 실제로는 향도 없고 맛도 없다. 빨리 무르기까지 한다. 그뿐인가. 선물세트 만들면서 들어가는 포장재도 만만치 않다. 명절 지나고 나면 거리가 재활용 쓰레기로 넘쳐난다. 맛없는 과일을 박스에 담고, 보자기로 묶고, 택배 상자에 넣어 보낸다.

이제 세상이 바뀌고 있다. 명절에 차례를 지내지 않는 집이 늘어나고 있다. 또한, 차례상에 올리는 용도라 해도 굳이 크고 빨간 것에 집착하지 않는다면 훨씬 맛있고 향이 살아 있는 과일을 즐길 수 있다.

배는 커야 한다는 선입견 때문에 신고新高 품종을 많이 심고 유통하지만, 추석에 쓸 수 있는 조생 계열 배도 여러 품종 있다. 울산과 경주에서 키우는 원황 품종이 그 하나다. 신고처럼 껍질이 두꺼운 것은 그리 못하지만, 원황 같은 조생 계열 배는 껍질째 먹을 수 있다. 살짝 차갑게 해서 먹으면 배 향이 끝내준다.

선돌농원에서 재배하는 유기농 배와 정부환 대표.

2001년 가을, 경남 산청에 있는 선돌농원을 찾아간 적이 있다. 선돌농원은 지금이야 유기농 배 농사로 일가를 이뤘지만, 그때는 저농약 인증을 받은 상태였다. 다만 배 재배는 유기농으로 하고 있었다. 나무와 나무 사이에 돌판이 징검다리처럼 놓였는데, 돌이 놓인 자리를 제외하고는 풀이 내 허리까지 빽빽이 자라고 있었다. 그 사이로 들어간 선돌동원 정부환 대표가 나에게 배 하나를 내밀었다. 대충 문질러 먹어보라는 것이다. "그냥요?" 유기농으로 재배하는 걸 알고 있었으니, 농약이 아니라 껍질이 걸렸다. 그는 괜찮으니 얼른 먹어보라 재촉했다. 한 입 베어 물었다. 난생처음 맡는 배 향이었다. 달콤한 향이 입을 가득 채웠고 그다음에 과즙이 왔다. 그게 원황배였다. 지금까지도 산청을 지날 때면 그 배 향이 떠올라 입에 침이 고인다.

향이 사라진 과일

많은 과일 생산자가 있고, 그들이 생산한 과일을 유통하는 업자들이 있다. 이들 중 누군가는 이렇게 생각했다. '남들보다 일주일만 출하를 빨리 할 수 있다면.' 이런 생각을 하는 이들이 만나서 출하 시기가 앞당겨졌다. 생산자와 유통업자가 출하 시기를 앞당기고 싶어하는 이유는 비싸게 팔기 위해서다. 출하량이 많으면 가격은 내려간다. 조금이라도 비싼 값을 받는 방법은 남들보다 빨리 시장에 내는 것뿐이다.

2000년경에 한라봉이라는 귤 품종은 2월이 돼야 맛을 볼 수 있는 것이었다. 빨라 봤자 1월이었다. 2001년 12월, 아내와 한 백화점에 갔다. 커다란 한라봉이 예쁘게 포장되어 진열대 위에 놓여 있었다. 하나 가격이 9,000원 정도였다. 한라봉 좋아하는 나를 위해 아내가 그 비싼 한라봉 하나를 사줬다. 집으로 돌아와 맛을 보니, 신맛만 가득할 뿐 한라봉 특유의 단맛이라고는 느낄 수가 없었다. 그 뒤로 20년이 지났다. 2020년 11월, 제주 출장을 가서 서귀포에서 한라봉을 봤다. 11월에 한라봉? 눈을 의심했지만 눈을 비비고 다시 봐도 한라봉이 맞았다. 2월이 제철인 한라봉 수확 시기를 11월 말까지 당긴 것이다.

12월에 수확하는 노지 감귤이 11월에 수확한 것보다 맛이 좋은 이유는 향 때문이다. 하우스 감귤을 맛보면 향은 약하고 단맛만 있다. 맛있다기보다는 달다는 느낌만 온다. 보통 11~12월은 황금향, 1월은 레드향, 1~2월은 한라봉이 제철이라고 한다. 사실은 이보다 늦은 시기가 제철이다. 1월에 먹는 레드향과 2월에 먹는 레드향의 맛과 향은 천지차이다. 음식에서 향은 맛만큼 중요한 요소다. 코를 막고 먹으면 양파와 사과를 구분하지 못한다는 실험

샤인머스킷은 서리 내릴 즈음에 맛이 드는 포도 품종이다.

결과도 있다. 향이 없는 과일이라면 단맛이 아무리 강한들 무슨 맛으로 먹을 것인가. 욕심으로 수확을 당길 수는 있어도 맛까지 당길 방법은 없다.

가을 대표 과일 포도도 마찬가지다. 아니, 어느새 포도는 여름 과일로 소비되고 있다. 이육사 시인이 "내 고장 7월은/ 청포도가 익어가는 시절"이라고 했다. 여기서 7월은 음력, 양력으로 치면 8월 말에서 9월 사이다. 심지어 완전히 익은 시기도 아니고 '익어가는' 시기다. 이 시에 나온 청포도가 요즘 많이 먹는 샤인머스킷은 아니다. 샤인머스킷은 일본에서 육종한 품종인데, 재배가

육지에서 키우는 한라봉?

　한반도를 둘러싼 기온 상승이 제철을 어그러뜨리는 또 하나의 변수가 되었다. 2006년에 거제에서 한라봉을 재배한다는 신문 기사를 봤는데, 지금은 한라봉뿐 아니라 레드향을 재배하는 농가도 전라북도 익산에 있다고 한다. 심지어 2019년에는 제천에서 한라봉과 황금향을 하우스 재배한다는 신문 기사도 봤다. 상승하는 기온을 따라 만감류(감귤과 오렌지를 교배해 만든 감귤류 과일로, 대표적으로 한라봉, 천혜향, 레드향, 황금향 등이 있다)의 재배지가 점차 북상하는 것이다. 실제로 지방에 출장이나 취재를 다닐 때 해당 로컬푸드 매장에서 그 지역에서 재배한 만감류를 본다.

기후 변화는 과일의 재배지는 물론, 제철을 바꾸고 있다. 그에 따른 새로운 데이터 축적이 필요하다.

맛을 기대하기는 어렵다. 육지에서 재배한 만감류는 제주도의 출시 일정에 맞추려는 경향이 강하다. 제주에서 제철이라고 할 때도 너무 이른 때다. 제주에서도 맛이 들지 않은 시기에, 육상의 만감류 맛은 오죽할까. 모 지역에서 맛본 레드향은 최악이었다. 물론, 지금과 같은 추세로 기온이 높아지면 육지에서 제주 이상의 품질이 나올 수도 있을 것이다. 또, 제주에서는 하우스 재배에 별도의 에너지를 사용해 가온하지 않아도 만감류를 재배할 수 있을지 모른다. 과일에만 국한하면, 지구온난화는 우산 장수와 짚신 장수를 아들로 둔 어머니 같다. 높아진 기온이 사과처럼 우리가 오랫동안 먹어온 과일의 재배지는 북쪽으로 밀어내는 대신, 수입에만 의존하거나 화석연료를 사용해 하우스 가온 재배를 해야만 제대로 익힐 수 있는 과일을 쉽게 키울 수 있게 만들기도 한다. 온난화로 인한 기후 변화에 대처하는 한편, 그로 인해 보다 값싸게 먹을 수 있게 된 과일을, 정말 맛있게 먹을 수 있는 새로운 제철에 관한 데이터도 제대로 쌓아야 한다.

까다로워 품종 등록도 하지 않았다. 그런 것이 한국에서 대히트를 쳤다.

이육사의 청포도는 아니지만 샤인머스킷도 음력 7월에는 겨우 익어가는 품종이다. 서리 내릴 즈음이 되어야 제맛이 든다. 그런 샤인머스킷을, 지금은 양력 7월이면 지천에서 볼 수 있다. 더울 때 먹는 샤인머스킷은 맛도 향도 없다. 서리 내릴 때 먹는 샤인머스킷

이어야 제값을 한다. 저렴하다는 이야기가 아니다. 값어치를 한다는 것이다. 돈 내고 과일 사 먹는 기대치를 충족시킨다는 의미다.

생산자와 유통업자가 과일의 출하 시기를 당기면 당장 돈을 번다. 경쟁이 없기 때문이다. 길게 보면 미친 짓이다. 내가 일주일 당기면 다른 이는 그보다 일주일을 더 당긴다. 그 결과가 11월에 출하하는 맛없는 한라봉이고, 7~8월에 먹는 향 없는 샤인머스킷이다.

후숙의 이유

2020년 8월 중순 강원도 영월에 갔다. 토종 다래를 보기 위해서였다. 토종 다래를 키우는 샘물농원 대표와 얘기하다 물었다. "이 녀석은 며칠이나 후숙하죠?" 그는 "대중 없고, 말랑해지면 그때 먹습니다."라고 대답하며, "예전에 산에 나무하러 가서는 다래가 있으면 따 먹었는데, 만져서 말랑한 것만 먹었다고 합니다."라고 덧붙였다. 그렇다. 원래 과일은 나무에서 다 익은 것을 따 먹었다.

다래와 비슷하다고 해서 예전엔 '양다래'라고 불렸던 과일이 키위다. 키위는 '차이니스 구스베리'라 불렸던, 중국 원산의 과일이다. 중국에서 이 과일을 부르는 이름이 따로 있었겠지만, 중국

내륙 양쯔강 근처에서 이 나무를 서양으로 들여간 이가 이렇게 불렀을 것이다. 그걸 개량한 것이 지금 우리가 보는 '키위'로, 이 이름은 뉴질랜드 과일회사가 뉴질랜드 고유종인 키위새 이름을 따서 붙인 상품명이다.

다래처럼 키위도 후숙이 필요하다. 덜 익은 것을 수확해 유통하기 때문이다.

후숙을 하는 과일은 다래, 키위 말고도 복숭아, 포도, 멜론, 수박, 바나나 등이 있다. 대부분 과육이 무른 과일이다. 다 익은 것을 유통하면 말랑말랑한 과육이 물러져 상하기 쉽다. 저장성이 약하다는 것이다. 저장성이 강한 과일은 사과나 배처럼 단단한 것들이다. 과거에는 사과 한 궤짝 사서 겨울 내내 두고 먹었다. 단단해서 오래 보관할 수 있기도 했지만, 겨울에 먹을 만한 게 사과나 곶감밖에 없어 빨리 먹어치우기도 했다. 과거처럼 지역 단위의 유통을 할 때면 모를까, 전국 유통을 넘어 전 세계 유통을 하는 지금은 저장성 약한 과일을 다 익은 상태에서 수확하기는 어렵다. 그래서 덜 익은 상태의 단단한 과일을 유통한다.

멜론 유통에 대해 심각하게 고민한 적이 있었다. 멜론을 구입하자마자 먹어본 소비자가 맛없다고 반품하는 일이 잦았기 때문이다. 후숙이 필요 없는, 잘 익은 멜론을 공급하고 싶었다. 후숙의 필요성과 방법에 대해 안내하면 되지, 굳이 성숙한 멜론을 유통할 필요가 있느냐는 질문을 받았다. 그런데 홈쇼핑 사이트에 접속한 소비자 중 판매 페이지를 꼼꼼히 읽는 사람은 드물다. 무엇을 사겠다 결정한 소비자는 대부분 마우스 휠을 거의 움직이지 않고 결제까지 끝낸다.

완숙 멜론을 판매할 수 있을지 궁리해봤다. 산지에 가서 생산자와 협의도 했다. 재고 문제가 걸렸다. 완숙한 멜론을 출하하는 건 생산자 입장에서는 부담스러운 일이다. 그러니 판매량을 보장해달라고 요구해왔다. 지금처럼 매입하는 방식이면 그렇게 했을 텐데, 당시 근무하던 회사에서는 판매분에서 수수료를 받는 방식을 취했던 터라 매입 물량 보장을 할 수 없었다. 결국 궁리만으로 끝났다.

그럼, 소비자들은 언제까지 내가 산 과일이 막 수확해서 후숙을 해야 하는 건지, 유통 과정에서 시간이 흘러 어느 정도 후숙이 된 것인지 모른 채 과일 맛을 뽑기 운에 맡겨야 할까? 사실은 해결책이 있다.

친한 선배가 필리핀에서 망고를 수입하겠다고 찾아왔다. 고개를 갸웃했다. 망고는 워낙 경쟁이 치열한 상품이기 때문이다. 선배의 논리가 맞긴 했다. "가장 맛이 있을 때 망고를 수확해서 비행기로 운송한다." 인건비가 싼 필리핀에서 잘 익은 망고만 수확해서는 전 처리를 한 후 다음 날 비행기로 운송해 통관하면 승산이 있다고 판단한 것이다.

선배의 문제의식은 '왜 필리핀에서 먹은 망고 맛과 서울에서 먹은 망고 맛이 다른가?'였다. 이유는 딱 하나, '익은 것'과 '익힌 것'의 차이다. 나무에서 익은 것을 따 먹는 것과 덜 익은 것을 따서 익힌 후 먹는 것의 맛 차이다.

선배가 수입한 망고는 현지에서 먹는 잘 익은 망고와 비슷한 맛이 났으므로 사업이 잘됐다. 경쟁이 치열해지고, 배로 운송하고는 비행기로 운송했다고 광고하는 업체까지 등장하면서 어려워졌지만, 선배의 예상은 맞았다. 잘 익은 망고 맛을 본 소비자는 또 찾을 것이라는 예상 말이다.

망고뿐이랴, 익은 것과 익힌 것의 맛이 다른 과일이. 이런 맛있는 과일을 판매하려면 유통업체가 감내해야 할 것이 있다. 익은 것을 팔려면 빨리 팔아야 한다. 유통 중 손실이 발생할 것이고, 재고도 문제가 될 것이다. 이 모든 것이 비용으로 직결된다.

유통 분야는 상품을 사고팔아 돈을 번다. 돈과 상품을 원활하게 흐르게 하는 것이 유통이다. 모든 상품 판매에서 돈을 벌면 좋겠지만, 못 벌 때도 있다. 마진을 포기해야 할 때도 있다. 마진이 줄더라도 맛있는 과일을 파는 곳이라는 신뢰를 얻으면 그 효과는 포기한 마진의 몇 배가 될 것이다. 예전에 다니던 회사에서 노지 감귤을 팔 때였다. 나는 10월 중순이 되어서야 노지 감귤 판매를 시작했다. 경쟁 업체는 9월부터 타이벡(미국 듀폰사의 간판 브랜드. 감귤 농장에 장판을 깔아 수분과 온도를 조절해 인위적으로 당도를 높인다) 감귤을 팔았기에 회사에서 욕도 많이 먹었다. 비록 매출액은 경쟁 업체보다 낮아도 소비자 만족도는 최상이었다.

맛있는 과일을 먹기 위해 소비자도 기준을 바꿔야 할 필요가 있다. 대형 마트나 백화점 과일 코너에 예쁘게 포장된 모양 좋고 큰 과일이 아니라, 앞다퉈 이르게 나온 과일이 아니라, 모양 울퉁불퉁하고 크기가 작더라도 맛있는 과일, 제철에 나온 과일을 골라 먹어보시라.

4장 쇠고기의 맛은 지방이 다가 아니다

어떤 쇠고기의 추억

2003년, '친환경'을 내세운 식품유통회사에 근무할 때 일이다. 충청남도 홍성군 홍동면에 수송아지 열여섯 마리를 보냈다. 이때 하고 싶었던 일은 순환 농법이었다. 우리만의 소를 키우면서 소의 축분도 활용하는 순환 농법이 꼭 필요하다고 판단했다. 그래야 한 살림이나 아이쿱 같은 기존 친환경 식품유통 강자들과 경쟁이 가능하다고 생각했다. 당시 홍동면은 유기농 쌀 최대 산지로, 661만 제곱킬로미터(약 200만 평)의 논에 오리 농법으로 쌀농사를 짓고 있었다. 오리 농법이란 제초제를 쓰지 않고 논에 풀어놓은 오리가 해충이나 잡초를 먹게 하는 친환경 농법의 하나다.

이곳으로 송아지를 보내면 소의 분뇨를 거름으로 사용하는 한편, 논에서 나는 짚을 사료로 사용하는 순환 농법을 실행할 수 있으리라 생각했다. 200만 평의 논에 거름을 대기에는 열여섯 마리의 송아지로 어림도 없었겠지만, 시작을 위한 마중물이자 생산자들과 같이하겠다는 의지를 표현한 것이었다.

송아지가 자라 소가 되었을 때는 도축해서 쇠고기로 판매할 예정이었다. 소가 자라 출하될 무렵에 생산자조합이 결성되었고, 출하하는 소는 우리 회사에서 판매했다. 그것은 모두 마블링 없는 쇠고기였다. 유치원 다니는 아이도 마블링이 무엇인지 알 정도로, 모든 매체에서 마블링 노래를 부를 때였다.

홍동의 수송아지는 거세하지 않고 키웠다. 거세를 하지 않으면 등급 높은 쇠고기가 나오지 않는다. 거세는 수소를 암소 비슷하게 만들기 위해 하는 것이다. 육질은 부드럽게, 지방은 잘 축적되게 한다. 친환경을 슬로건으로 하는 유통회사에서, 마블링을 위해 소를 거세하는 건 맞지 않다고 생각했다. 더욱이 우리 회사를 찾는 소비자는 대부분 건강에 관심이 많아, 이에 대한 이해도도 높을 것이라 예상했다. 그러나 2년 가까이 사육한 수소의 고기를 매장에 처음 냈을 때, 반응은 시원치 않았다. 마블링이 전혀 보이지 않고 벌건 살만 보이는 고기는 소비자의 외면을 받았다.

소비자의 기호를 잘못 판단했다는 지적을 받았고, 거세우의 고기로 바꾸어 판매하라는 압박도 받았지만, 버텼다. 첫째, 소를 잡은 직후 먹어봤던 고기 맛이 강렬했기 때문이다. 육향에서 비롯된

강렬함이었는데, 늘 먹던 쇠고기와 달리 고기 냄새가 향기로웠다. 둘째, 마블링이 없어 질길 것처럼 보이지만 씹는 맛이 있었다. 고기를 씹을 때마다 근육 사이, 세포 사이에 숨어 있던 육즙이 터져 나왔다. "고기는 씹어야 맛"이라는 말을 실감했다.

회사의 압박은 점점 커졌지만 고기 맛을 믿었다. 버티고 버티니 어느 순간 상황이 바뀌었다. 일단, 우리 회사만 수소 고기를 판매하는 것이 매장을 찾는 고객에게 어필했다. 회사의 압박이 누그러졌다. 처음에 한두 명 고기를 샀던 소비자가 고기 맛에 대한 입소문을 냈다. 지금처럼 SNS가 발달하지 않은 때라 소문이 퍼지는데 시간이 걸렸지만, 2년 정도 지난 후에는 회사도, 소비자도 마블링 쇠고기를 찾지 않게 되었다.

마블링이 뭐길래

2004년, 1++이 한우 등급 체계에 추가되면서 마블링 전성시대가 열렸다. 마블링이 없는 고기는 질기다는 이야기가 방송 여기저기서 나왔다. 마블링 없는 쇠고기는 저질이라는 선입견을 소비자에게 심어주던 시기였다. 쇠고기 등급은 지방 분포도로 결정되었다. 마블링이 적거나 지방이 골고루 분포하지 않고 뭉쳐 있는 고기는 질이 낮은 고기로 평가받았다.

마블링marbling. 말 그대로 대리석 무늬처럼 고기에 낀 하얀 지방을 뜻한다. 말은 대리석 무늬지만, 우리가 실제로 많이 보는 것은 점점이 박힌 지방이다. 한국 사람들은 부드러운 육질과 지방의 고소함을 높이 사 지방이 적당히 낀 고기를 맛있어한다.

소비자가 좋아하는 정도라면 큰 문제가 아닌데, 한우 등급을 나누는 기준이 마블링, 즉 근내 지방도인 것은 문제다. 많이 듣는 원뿔(1+), 투뿔(1++)이라는 말이 그 등급을 가리키는 것인데, 한우 등급제에 관해 잘 모르는 소비자도 1등급이 3등급보다 좋고, +가 붙을수록 고급 고기라고 생각한다. 동네 고깃집에 가도, 파인다이닝에 가도 1+ 이상의 한우를 쓴다고 자랑하고, 언론도 SNS도 등급 높은 고기만 찾는다.

쇠고기에 마블링이라는 개념이 개입한 것은 1927년 미국에서였다. 남아도는 옥수수를 소에게 먹이게 되면서 풀만 먹이던 때와 달리 고기에 지방이 쌓이게 됐다. 빨간 고기에 하얗게 낀 지방을 마블링이라고 했다. 원래 미국 사람들이 먹던 것과 달리 지방이 낀 쇠고기가 생산되자 축산업자들이 마블링이라는 용어를 만들어 맛있다며 홍보를 하고, 정부 관계자에게 로비를 벌여 마블링 낀 쇠고기에 가장 높은 '프라임' 등급을 매기게 했다(해럴드 맥기, 이희건 옮김, 《음식과 요리》, 이데아, 2017, 212쪽). 한국에서는 하얗게

마블링이 쇠고기 맛의 절대 기준은 아니다.

서리 내린 것과 같다 해서 상강육霜降肉이라 했다.

소는 초식동물이다. 풀을 먹는다. 그런데 기후에 따라, 지역에 따라 소 먹일 풀이 안 나는 곳이 있다. 우리 조상들은 겨울이 되어 소 먹일 풀이 안 나면 짚이나 콩깍지를 끓여 여물을 만들어 먹였다. 옥수수 많이 나는 곳에서는 옥수수를 먹였다. 고기 맛을 본 사람들이 점점 늘어나면서 축산이 산업이 되었고, 풀만 먹여서는 넘쳐나는 수요를 감당할 수 없게 되었다. 옥수수나 대두(메주콩) 같은 곡물을 먹여 소를 키우게 되었고(이 때문에 사람 먹을 곡물을 소에게 먹이느라 제3세계의 식량 문제가 심화된다는 문제제기도 있다), 지금은 기름을 짠 후 남은 찌꺼기인 옥수수박, 대두박 등으로 만든 배합사료를 주로 먹인다. 곡물로 만든 사료라 곡물사료라고도 한다. 물론 배합사료만이 아니라 알팔파나 오차드그라스, 라이그라스 등 섬유질이 주성분인 조사료도 먹이지만 배합사료보다 양이 적다. 한국 축산 농가에서 30개월령 소가 1년 동안 먹는 배합사료의 양은 평균 4,929kg, 조사료의 양은 3분의 1 수준인 1,521kg이다(국립축산진흥원, 《한우사육 100문 100답》, 진한M&B, 2019).

배합사료를 더 많이 먹이는 까닭은 소의 빠른 성장을 위해서인데, 더 중요한 이유는 마블링 형성이다. 배합사료만 먹인다고 해서 마블링이 무조건 잘 만들어지는 것은 아니다. 그래서 소의 성장기에 주는 사료와 마블링 형성 시기에 주는 사료가 다르다. 지방 축적을 방해하는 비타민A를 제한한 사료를 줘야 1++ 등급 쇠고기가 생산된다.

마블링을 소의 등급 기준으로 개념화한 것은 미국이지만, 그것을 '고급 쇠고기'의 대명사로 만든 것은 일본이다. 일본에서는 마블링이 많은 쇠고기일수록 고급 쇠고기다. 세계에서 가장 맛있다(는 건 잘 모르겠지만 비싼 고기인 것은 맞)는 '고베규神戸牛'를 보면 빨간색 반, 흰색 반이다. 그만큼 지방이 골고루, 점점이 고깃살에 박혀 있다. 요리사가 큐브 모양으로 잘라서 철판 위에서 구워 바로

일본의 한 료칸에서 내준 쇠고기. 붉은 살 사이사이에 흰색 지방이 더 많이 보이는 이런 쇠고기를 일본에서는 최고로 친다.

건네주는 고베규 한 점을 먹으면, 그야말로 입안에서 살살 녹는다. 일본인은 그런 쇠고기를 최고로 친다. 실제로 딱 한 번 먹어봤다. 일본의 꽤 고급 료칸의 가이세키 요리 중 두 점이 나왔다. 한 점을 맛보고 나머지는 옆 사람에게 주었다. 나는 전혀 좋아할 수 없는 기름진 맛이었다.

이런 기준이 한국으로 그대로 들어왔다. 한국의 쇠고기 등급이 처음부터 지금과 같은 마블링 중심은 아니었다. 쇠고기 등급제를 처음 시행한 것은 1992년. 당시에는 육량(고기 무게)을 기준으로

A1부터 C3까지 9등급, 등급 외까지 10등급으로 나눴다. 1992년 우루과이라운드 협상이 마무리되면서 한국의 쇠고기 시장이 개방되었다. 정부는 이에 대비하기 위해 고급육 육성 전략을 세웠다. '쇠고기의 본고장' 미국에서 수입될 쇠고기에 대항하려면 '고급육' 이 필요하다는 판단에서였다.

먼저, 1993년 축산물등급판정소(현 축산물품질평가원)를 설립하고, 육질 등급(1+, 1, 2, 3등급)과 수율 등급(A, B, C등급)으로 도체 등급체계를 만들었다. 이때 육질을 판단하는 기준이 바로 근내 지방도, 즉 마블링이었다.

마블링이 쇠고기 등급 기준이 된 것은 아이러니하게도 마블링 개념을 처음 만든 미국산 쇠고기에 대한 방어책이었다. 미국, 호주, 아르헨티나 등 소위 선진 축산국에서는 벌건 순살코기를 구워 먹는다. 이에 한국 축산 당국과 업자들은 "수입하는 쇠고기는 마블링이 없어 질기다. 그러나 한우는 마블링이 있어 부드럽다."라고 지속적으로 홍보했다. 일본에서 마블링 많은 쇠고기를 최고급으로 친다는 것도 이런 논리의 한 근거가 되어, 마블링은 고급 한우를 대표하는 맛으로 자리 잡기 시작했다.

1++ 한우는 맛있어서 비쌀까

마블링의 득세는 2등급 이하의 쇠고기를 질기고 맛없는 고기로 낙인찍었다. 아래는 2024년 도축한 한우의 육질 등급 출현율(%)이다.

육질 등급	1++	1+	1	2	3	등급 외
암소	14.7	20.7	27.5	24.6	12.2	0.4
거세우	39.1	29.8	22.1	8.2	0.8	0.1
비거세우(수소)	0.2	0.7	2.8	17.9	75.8	2.5

출처: 2024, 통계연보, 축산물품질평가원

부드럽다고 최고로 치는 암소가 1++ 등급을 받는 비율은 14.7%에 불과하다. 오히려 거세한 수소의 1++ 등급 비율이 무려 39.1%다. 거세하지 않은 수소는 1등급 이상을 다 합쳐도 3.7%다. 2024년 한 해 동안 990,412마리의 한우를 도축했다. 그중 194,227마리의 한우가 2등급 이하의 판정을 받았다. 매해 도축되는 소의 20%가량이 '저급' 쇠고기가 된다. 소 사육 농가는 자신들이 생산한 쇠고기가 2등급 이하를 받으면 고기 값을 제대로 받지 못한다.

마블링 중심의 쇠고기 등급 판정은 지방 분포를 기준으로 쇠고기의 품질을 획일화한다. 이런 기준은 간과할 수 없는 문제를 만들어낸다.

첫째, 소의 사육 개월 수가 늘어난다. 사육 개월 수의 증가는 사육 비용의 증가로 직결된다. 사료비는 물론 제반 경비가 소를 키우는 기간에 비례해 증가한다. 1990년대에는 소 한 마리를 키워 출하하는 데 24개월이면 충분했다. 그러다 2004년 기존 1~3등급에 1++ 등급이 추가되면서 소 사육 기간이 늘어나기 시작해, 2018년에는 평균 30개월 키워 출하하게 됐다. 2024년에는 한우의 평균 출하 월령이 무려 42.3개월로 늘어났다(2023년은 43.5개월). 한우 사료는 전기 사료와 후기 사료로 나뉜다. 전기 사료가 성장에 중심을 두어 만든 것이라면 후기 사료는 마블링 형성에 중점을 두고 만든 것이라 가격도 더 나간다. 마블링 형성을 위해 18개월치의 사료 비용이 더 들어가는 만큼, 한우 가격도 오른다.

둘째, C등급 출현 비율이 높아졌다. 소 등급 판정의 기준이 '근내 지방도'뿐이라고 했지만, 이는 '육질' 등급이고, '육량' 등급이 별도로 있다. 도축한 소에서 고기가 많이 나오면 A등급, 그다음이 B등급, C등급이다. 그러니까 어떤 쇠고기의 등급이 A1++이라면 육량과 육질에서 모두 최고 등급을 받았음을 의미한다. 그런데 C등급 출현 비율이 높아졌다는 것은 소 한 마리를 잡았을 때 먹을 수 있는 부위가 적어지고 버리는 부위가 많아졌다는 뜻이다. 먹지 못하고 버리는 부위에서 큰 비중을 차지하는 게 지방이다. 물론 소 지방은 '우지'라고 해 가공해서 기름으로도, 화장품이나 여러 식품의 원료로도 쓰이기는 한다. 하지만 소 생산 농가 입장에서는 소 한 마리 키워 고기로 파는 부위가 적게 나오면 손해일 수밖에 없다. 이게 왜 마블링과 관계있을까?

2005년 13.3%였던 C등급 출현율이 2016년에는 33.5%로 증가했다(정연복, 《월간 축산》 2018년 10월호, 축산과학원). 1등급 이상의 판정을 받기 위해 소 사육 기간을 늘리고 사료 급여 방식을 바꾼 시기와 일치한다. 1등급 이상의 쇠고기는 마블링을 만들기 위해 지방이 많이 생기는 방식으로 키운 소에서 나온다. 지방이 흩어져 있으면 1++ 등급, 뭉쳐 있으면 3등급이다. 근육에 지방이 낄 정도면 내장에는 지방이 얼마나 축적될지 짐작이 되고도 남는다. 사람으로 치면 초고도 비만에 고지혈증이다. 그러니 소비자가 마블링을 찬양할수록, 1++등급 쇠고기가 비싸게 팔릴수록, 소 한 마리 잡아 버리는 부위가 많아진다.

마블링 말고 숙성의 맛

이렇게 비싸고, 알고 보면 고지혈증 소라고 해도, 우리 혀는 지방이 하얗게 낀 쇠고기를 좋아한다. 한국인이 좋아하는 쇠고기

요리는 뭐니 뭐니 해도 '구이'다. 특히 숯불 피워 불맛 입히며 직화로 굽는 고기구이가 제일 인기 있다.

고깃집 풍경을 생각해보자. 종업원이 와서 불 세기 점검하고 고기 얹어주고 간다. 좀 비싼 고깃집이라면 계속 옆에 붙어 고기를 구워주며 익은 고기 한 점씩 손님 접시에 놓아준다. 너무 익히면 질겨지니 지금 먹으라고 독촉하고, 식으면 맛없으니 빨리 먹으라고 타박도 한다. 기름이 자르르 흐르는 고기 한 점을 씹는다. 부드럽게 씹히면서 고소한 육즙이 입을 즐겁게 한다. 지방이 불에 녹으며 내는 고소한 냄새는 화룡점정이다.

어느새 종업원은 빠지고 손님들끼리 이야기 삼매경에 빠진다. 약해진 숯불 위에서 고기는 말라간다. 소주 한 잔 마시고 고기를 입에 넣으면 처음 먹었던 그 고기 맛이 아니다. 뻣뻣해진 고기를 씹으면 질겅거린다. 아까와는 다른 식감이지만 너무 구운 탓이라 여긴다. 아니다. 원래 질긴 고기를 구워서 그렇게 질긴 것이다.

'신선한' 것을 좋아하는 소비자는 고기도 신선한 것, '어제 잡은 것'이 맛있다 여긴다. 그러나 정말 어제 잡은 고기를 굽는다면, 당신은 '세상에서 가장 단단한 고기'를 먹게 될 것이다. 동물은 죽으면 몸이 뻣뻣해진다. 근육 속에 있는 에너지가 고갈되면서 근육이 단단해지는 것이다. 이것을 사후강직이라 한다. 소를 도축한 지 6~12시간이 지나면 사후강직이 시작되고 약 2주 동안 강직 상

태가 유지된다. 그런데 고깃집에서 막 구운 쇠고기는 왜 부드러운
가? 그게 바로 마블링 덕분이다. 사후강직된 근육은, 이를테면 녹
슨 쇠경첩이다. 마블링은 이런 녹슨 쇠에 치는 윤활유다. 고기를
구울 때 지방이 녹으면서 뻣뻣해진 근육에 기름을 치는 것이다. 그
러나 고기가 식으면, 또는 너무 익으면, 윤활유 역할을 하던 지방
이 빠져나가 원래 고기의 식감을 느끼게 되는 것이다.

그러면 소비자는 연한 고기를 즐기기 위해서 마블링 쇠고기를
비싼 돈 주고 사 먹거나 2등급 이하의 질긴 쇠고기를 먹는 수밖에
없는 것일까? 아니다. 지방 맛 대신 시간의 맛을 보면 된다. 바로
숙성이다.

앞서 쇠고기 수입 개방에 맞서 마블링을 쇠고기 등급의 기준
으로 삼았다고 얘기했다. 수입산 쇠고기에 없는 마블링이 한우에
있다는 것을 내세웠다는 말인데, 이 말인즉 미국, 호주, 아르헨티
나 등에서는 마블링 없는 쇠고기를 먹는다는 뜻이다. 그들이 질긴
고기를 좋아해서 마블링 없는 순살코기를 먹을까? 그렇지 않다.
살코기를 숙성시켜 부드럽게 만들어 먹는다. 소위 '에이징aging'이
라는 것이다.

숙성은 단백질 분해 효소에 의해 쇠고기의 근섬유가 끊어지면
서 육질이 부드러워지도록 하는 것이다. 숙성된 쇠고기는 마블링
잘 낀 쇠고기와는 다른 질감을 갖는다. 그렇다고 해서 숙성된 쇠

고기가 생판 다른 고기가 되는 것은 아니다. 차와 비교하면, 좋은 부품으로 교체하는 것이다. 좋은 부품을 쓰면 차의 성능이 좋아지지, 차종이 달라지는 것은 아니다. 쇠고기를 숙성시키면 지방의 고소함 대신 단백질의 감칠맛과 특유의 향을 얻을 수 있다.

숙성에는 두 가지 방법이 있다. 습식 숙성wet aging과 건식 숙성dry aging이다. 먼저, 습식 숙성은 쇠고기를 한 번 먹을 만큼의 양으로 나누어 진공 포장해서 4℃ 이하로 냉장 보관하는 방법이다. 진공 포장으로 미생물과의 접촉을 방지해 고기가 상하는 것을 막고, 사후강직이 풀리고 효소가 작용해 근섬유가 분해되기를 기다리는 것이다.

습식 숙성의 장점은 가정에서도 쉽게 할 수 있다는 것이다. 진공 포장한 고기를 구입하거나 생고기를 구입해 진공 포장을 해서 냉장고에서 보관하면 끝이기 때문이다. 주의할 것은 랩wrap 포장을 하면 안 된다는 것인데, 랩을 몇 겹을 싸더라도 진공이 안 된다. 랩은 공기가 들고 날 수 있는 재질이다. 진공 가능한 비닐에 고기를 넣어 진공 포장기로 공기를 제거해야 한다. 일반 냉장고보다는 김치냉장고가 좋은데, 일반 냉장고는 문을 여닫는 일이 잦아 온도 유지가 어렵다. 부득이 일반 냉장고에 보관해야 한다면 밀폐 용기에 진공 포장한 고기를 넣고 얼음과 함께 담아둬야 한다. 문을 여닫을 때 밀폐 용기에 든 얼음이 외부 온도의 영향을 최소화한다.

숙성 기간은 적어도 보름은 넘기는 게 좋다. 사후강직이 2주 정도 후에 풀리기 때문인데, 제대로 숙성한 고기 맛을 보려면 한 달을 넘기는 게 좋다. 보름째는 맛이 좋아지기 시작하는 시점이고, 한 달째는 바로 느낄 수 있을 정도로 감칠맛이 증가하면서 고기 씹는 맛이 부드러워진다. 쇠고기를 200~300g 크기로 나눠 진공 포장해 보관하면서 보름 지나면서 하나씩 꺼내 요리하면 된다. 나는 이렇게 진공 포장한 고기를 최장 45일까지 숙성해봤는데, 숙성한 고기의 포장을 풀면 상큼한 요구르트 향이 난다. 포장을 풀었을 때 요구르트 향이 아니라 코를 찌르는 냄새가 나면 고기가 부패한 것이니 버려야 한다. 진공 포장이 제대로 안 되면 이런 일이 벌어진다.

값이 싼 육우나 2등급 이하 한우, 혹은 기름기가 없어서 값이 싼 부위를 구입해 한 달 정도 숙성시켜보자. 스테이크로 구워 먹어도 부드러운 식감으로 즐길 수 있고, 국을 끓이면 숙성 향이 더해져 국물 맛이 끝내준다. 얇게 저며 불고깃감으로 써도 좋다. 나는 가끔 육포로 만들어 먹는데, 숙성육으로 육포를 만들 때는 간장 대신 소금만 써도 좋다. 고기에 소금을 살살 뿌리고 가정용 건조기를 65℃에 맞춰 11시간 건조하면 맛있는 육포가 된다. 고기 자체의 감칠맛이 있으니 간장을 칠 필요가 없고, 단맛을 끌어내는 소금만 조금 뿌리는 것으로 충분하다.

반면, 건식 숙성은 말 그대로 말리면서 숙성시키는 것이다. 별다른 포장 없이 고기 표면에 바람을 쐬어 수분을 증발시켜 건조한 환경을 만듦으로써 유해균이 활동하지 못하게 한다. 물론 온도는 0℃ 이하로 유지해야 한다. 고기가 얼지 않을까 염려하는데, 순수한 물만 0℃부터 언다. 고기의 수분은 물만 있는 것이 아니라 여러 가지 물질이 함께 있다. 어는점 내림 현상이 발생한다. 순수한 물과 설탕물을 같이 얼리면 설탕 녹인 물이 천천히 어는 것과 같은 이치다. 바닷물이 영하의 날씨에도 잘 얼지 않는 현상 또한 같다.

건식은 같은 기간 동안 숙성을 해도 습식에 비해 맛 성분이 더 많이 증가한다. 감칠맛이 더 진해진다는 것이다. 그 대가는 양의 감소다. 생고기의 수분 함량은 70%인데, 건조 과정에서 30%의 수분을 잃는다. 그만큼 고기의 무게가 줄어드는 것이다. 또한 고기 표면이 뻣뻣하게 마르면서 검게 변하기 때문에 판매하려면 이를 잘라내 버려야 한다. 날아간 수분과 잘라낸 표면을 합치면 원래 고기 무게의 40%다. 1kg의 고기를 건식 숙성을 하면 600g만 남는다는 것이다. 게다가 건식 숙성을 하려면 별도의 숙성고가 있어야 한다. 단순히 온도가 낮추는 것이 아니라 바람이 일정하게 불게 하는 장치가 필요하기 때문이다. 숙성고 설치에 들인 비용과 건조 중에 발생한 손실분을 고려하면 고기 가격의 상승은 불가피하다.

그럼에도 건식 숙성을 하는 것은 맛과 향 때문이다. 앞서 말한 것처럼 습식 숙성보다 감칠맛 성분이 많이 증가하는 데다 끝내주는 향이 생긴다. 요구르트 향 정도가 아니라 잘 발효한 치즈 향이 난다. 건식 숙성이 잘된 쇠고기는 아무런 조리를 하지 않아도 군침이 날 정도로 향기롭다. 고기는 부드럽고 육즙도 풍부하다. 건식 숙성을 한 쇠고기는 분명 맛있다. 그렇긴 한데, 그 가격에 비례할 만큼 맛있는가 하면 나는 '아니다'라고 대답할 것이다.

잘 키운 소 한 마리, 열 마블링 안 부럽다

집에서 숙성시키기 귀찮을 때는 숙성육을 구입하면 되는데, 이천에 있는 씨알살림축산(한살림, 두레생협 등에서 판매)에서 판매하는 쇠고기는 2주 정도 숙성시킨 것이다. 아산에 있는 네이처오다의 상품도 추천한다. 내가 시도했다 포기한 순환 농법을 아산에서 실행하고 있다. 축사에서 나온 축분을 논의 거름으로, 논의 볏짚은 소의 먹이로 쓴다. '고백한우'(고단백 한우. 마블링이 적은 쇠고기라는 의미)라는 브랜드로 판매하고 있다. 물론 여기도 숙성해서 판다. 두 곳 모두 수소를 파는 것도 같다.

노포 정육점이나 고기구잇집에 가면 '암소 전문'이라는 문구가

'고백한우'는 순환 농법으로 볏짚 먹고 자란 수소를 잡아
숙성시켜 판매하는 쇠고기 브랜드다.

거의 다 있다. 수소는 질기므로, 부드러운 암소를 판다는 것이다. '수소=질긴 고기'라는 인식은 농경시대에 생겼다. 덩치 크고 힘 좋은 수소는 쟁기 메고 밭을 갈거나 달구지를 끌었다. 이렇게 일을 하며 근육이 발달한 수소 고기는 새끼 낳느라 움직임이 적은 암소 고기에 비해 질겼을 것이다.

산업화시대가 되어 수소가 하던 일은 경운기와 트랙터가 대신하고 있다. 수소의 역할도 일소가 아니라 고기소로 바뀌었다. 이제 일도 하지 않지만 수소 고기는 질기다는 인식은 바뀌지 않았다. 그래서 암소나 거세우(6개월령에 거세한 수소)에 비해 수소는 값이 싸다. 이런 수소 고기를 습식 숙성해서 판매하는 곳이 앞서 이야기한 씨알축산과 네이처오다 두 곳이다. 가격이 저렴할 뿐 아니라 구수한 향이 좋다. 굽든 찌든 삶든, 어떤 식으로 조리해도 맛있다. 구워 먹어도 맛있지만 쇠고기뭇국을 끓였을 때 그 진가가 드러난다. 무와 쇠고기가 만들어낸 감칠맛은 말할 나위 없고, 향긋한 육향이 식욕을 부른다. 마블링 잘 박힌 쇠고기는 눈을 즐겁게 하지만, 등급이 낮아도 숙성 잘된 고기는 코와 입을 즐겁게 한다. 가끔 농담으로 하는 이야기가 있다, "1++ 쇠고기 먹을 때는 사진 찍기 바쁘지만 3등급 고기는 먹기 바쁘다."라고.

'네가 먹는 것이 바로 너!'라고 하는데, '소가 먹는 것이 바로 소!'다. 산업화시대의 소는 대량생산된 사료를 먹는다. 어디 소, 어디 소, 하면서 지역 이름을 브랜드로 내세우지만, 품종도 같고 사료도 같은데 뭐 그리 다른 맛이 나겠는가. 이런 상황에서 색다른 쇠고기를 즐기고 싶다면 색다른 것을 먹고 큰 소를 찾아야 한다.

제천 화식우

과거 한반도의 소는 여물을 먹었다. 마른 풀, 잘게 썬 볏짚 같은 걸 먹었다. 그냥 먹일 때도 있지만 가마솥에서 쇠죽으로 끓여 먹이기도 했다. 초원이 없어 목초나 옥수수 등 소에게 먹일 식물을 대량으로 키울 수 없는 한반도의 환경에서 적은 사료 식물로 최대한의 효율을 올리는 방법이 쇠죽을 끓여 먹이는 것이었다. 인간도 날 음식을 먹을 때와 익혀서 먹을 때의 소화흡수율은 차이가 나지 않는가.

지금도 그렇게 여물을 끓여서 소를 키우는 목장들이 있다. 제천의 화식한우영농조합에서 그렇게 한다. 물론 옛날과 달리 여물을 끓이는 전 과정이 자동화되었다. 그래도 소에게 여물 한 끼를 주기 위해 드는 시간은 꼬박 12시간이다. 새벽 5시에 축사로 나와 볏짚, 분쇄 옥수수, 콩 등을 135℃에서 6시간 쪄낸다. 이때 멸균도 되고 볏짚에 옥수수나 다른 곡물이 부드럽게 스며들어 소들이 편하게 먹을 수 있다. 그러고 나서 6시간 동안 뜸을 들인다. 이 여물을 소들이 먹고 나면 저녁에 먹일 여물 만드는 작업이 이어진다.

화식火食을 하는 소는 사료를 먹는 소보다 물을 적게 마신다고 한다. 여물에 충분한 수분이 있기 때문이다. 소가 처음 화식을 접하면 낯설어하지만 나중에는 푹 끓인 여물 맛에 매료돼 사료를 쳐다보지도 않는다고 한다.

전 자동으로 여물을 준비한다고 해도, 화식 사육이 사료 사육보다 노동강도가 훨씬 세다. 그런데도 화식우를 키우는 이유는 맛 때문이다. 거세우엔 마블링 맛이, 수소엔 육향이 있듯, 화식우는 화식우만의 맛이 있다. 그걸 한마디로 표현하면 '순한 맛'이다. 고기 맛, 기름 맛은 물론, 기름 타는 냄새조차 모두 순하다. 순하면 밍밍할 것 같지만, 단맛과 감칠맛의 지속성이 좋다. 부드럽게 씹히며 입맛을 계속 당긴다. 그간 먹어본 쇠고기와 맛의 결이 다르다. 같은 등급의 거세우와 비교해 씹힘성은 34%, 경도는 20% 낮다는 연구 결과도 있다. 때문에 고기를 살짝 구웠을 때도, 충분히 익혔을 때도 부드러운 육질을 맛볼 수 있다.

화식우는 구워놓고 나서 좀 식어도 부드러운 식감을 낸다. 충분히 맛을 음미하면서 먹을 수 있으니 그야말로 고깃값 하는 소다. 화식우로 쇠고깃국을 끓이면 진가가 더욱 발휘된다. 단맛 좋은 무를 썰고 화식우 양지 부위를 볶다가 마늘, 소금만으로 간을 해 국을 끓이면 은은한 육향이 코를 간질이고 국물은 깔끔하다. 귀한 쇠고기를 감히 구워 먹지 못하던 시절, 국으로 끓여 온 식구가 나뉘 먹던 시절의 맛이 살아 있다.

화식우 생산 농가는 조금씩 늘고 있다. 현재 전북 완주의 고산과 정읍, 전남 화순, 충남 서산 등지에 있지만, 서산과 제천을 제외하고는 사육 규모가 크지 않아 지역에서 소비되는 정도다.

장흥 풀로만 소

소는 풀을 먹는다. 풀만 먹었다. 축산이 산업이 되면서 곡물사료, 즉 기름을 짠 후 남은 옥수수박, 대두박 등으로 만든 배합사료를 주로 먹는다. 전남 장흥에 배합사료 대신 풀만 먹여 키우는 소가 있다. 초식동물인 소가 풀만 먹는 것이 독특한 사육 방식으로 취급받는다. 배합사료를 먹이지 않으면 소의 성장이 더디다. 좋은 등급 받기가 어려워 좋은 가격도 못 받는다. 좋은 가격을 받지 못하는 소를 키우는 이유는 역시 맛 때문이다. 풀로만 키운 쇠고기는 등급 좋은 쇠고기와 다른 맛이 있다.

장흥 출장길에 이 소의 천엽을 시식한 적이 있다. 천엽은 네 개의 소 위장 중 세 번째 위다. 천엽은 보통 소금과 참기름을 섞은 장에 찍어 먹지만, 그때는 장 없이 천엽만 먹었다. 옅은 주황색과 회색이 도는 천엽이었는데, 천엽 자체가 고소해서 참기름장 안 찍어 먹어도 맛있었다.

천엽만 먹은 건 아니고, 안심과 육회도 같이 먹어봤다. 육회는

장흥 '풀로만 목장'에서 키우는 소들.
풀만 먹여 키운 쇠고기는 씹을수록 고소한 맛과 향이 느낄 수 있다.

보섭살로 만들었는데, 엉덩이와 뒷다릿살 사이에 있는 부위다. 육회 잘하는 식당을 가면 육장(참기름, 고추장, 다진 마늘 넣고 만든 양념장)이 저마다 특색이 있다. 육회의 맛보다는 육장이 맛을 좌지우지하는 경우가 많다. 풀로만 키운 소의 보섭살로 만든 육회를 천엽처럼 장 없이 그냥 먹어보고, 소금을 살짝 찍어서도 맛을 봤다. 씹을수록 구수한 맛이 났다. 진한 육장 맛이 아닌 고기 본연의 맛이 혀에 느껴졌다. 소금 조금 찍어 먹을 땐 세포 속에 숨어 있던 단맛이 도드라졌다. 소금은 짠맛을 내는 것이 기본 역할이지만 단맛을 도드라지게 하는 역할도 한다.

먹기 좋게 잘라 무쇠 팬에 구운 안심은 부드럽게 씹히지 않고 부서졌다. 씹을수록 덩어리가 작아지면서 알갱이 단위가 됐다. 혀가 느끼는 육즙보다 맛있는 향이 코를 자극해 침샘을 열었다.

이 소를 키우는 곳이 장흥군 대덕읍에 있는 '풀로만 목장'이다. 초지사료 수입을 하던 조영현 씨가 2011년 열두 마리 송아지로 시작한 목장이다. 사료는 수입한 알팔파와 인근 농가에서 공급받는 라이그라스가 전부다. 농가에서 쌀을 수확한 다음 라이그라스를 파종해 이듬해 5월 수확한 것을 말려놨다가 1년 내내 사료로 준다. 유기농 쌀 생산자로서는 쌀과 라이그라스를 이모작으로 농사지을 수 있어 소득이 늘고, 목장에서는 안전한 사료를 공급받을 수 있어 인근 농가에서 전량 계약 재배한다. 풀만 먹여 키운 소는 시중에 유통하지 않고 SNS를 통해 한 달에 한 마리 정도 예약 판매한다.

현행 쇠고기 등급제는 지방의 분포도가 판정의 기준이다. 등급이 낮은 쇠고기는 근내 지방이 적을 뿐 맛이 없는 것은 아니다. 풀로만 키운 소는 육향이 진하다. 물론 마블링 좋은 쇠고기라고 해서 향이 없는 것은 아니지만 풀만 먹은 소가 품고 있는 향과는 비교할 수 없다. 장흥의 풀로만 목장뿐 아니라 연천의 명성목장, 제천의 화식우도 풀만 먹여 키우는 곳이다.

육우를 다시 보자

축산물품질평가원에 따르면, 한우는 우리 재래종의 고유한 특성을 가진 소이고, 젖소는 젖(우유)을 생산할 목적으로 사육하는 소, 즉 송아지를 낳은 암컷 젖소다. 그렇다면 육우는 무엇인가? 나머지 소 전체라고 할 수 있다. 한우가 아닌 고기소인 육용종, 교잡종, 수컷 젖소 및 송아지를 낳은 경험이 없는 암컷 젖소가 다 육우다.

"수송아지 한 마리 가격이 만 원"이라는 말이 잊을 만하면 나온다. 다들 축산 농가 걱정이 태산이다. 그런데 만 원 송아지는 한우가 아니다. 젖소의 수송아지 이야기다. 젖소 농가에서는 수컷이 필요 없다. 젖소의 번식은 우수한 유전자를 지닌 수컷 젖소 한 마리면 충분하다. 젖을 짤 수 없는 수컷 젖소는 어디 쓸 데가 없다. 그러다 보니 수송아지 숫자가 많아지면 가격이 만 원까지 떨어지는 것이다. 젖소 수송아지는 고기 먹는 소로 키워진다. 이런 고기를 '육우'라고 한다. 송아지 때 거세를 한다. 한우 수컷과 마찬가지다. 포장지에 '쇠고기＝국내산'이라고 표시한 것이 바로 육우다. 육우도 우리나라에서 키우지만 '젖소＝질기다'라는 편견에 단단히 갇혀 있다. 육우는 보통 국내산이라는 간판을 달고 저렴한 쇠고기 가공식품의 원료가 된다. 아니면 곰탕이나 냉면 식당에서 수육 재료가 되기도 한다.

인천 부평에서 고등학교까지 나와서 친구 만나러 가끔 부평에 간다. 거기에 꽤 괜찮은 육우 전문집이 있다. 주로 안창살을 판다. 저렴한 가격이 장점으로, 성인 남자 서넛이 먹어도 10만 원 넘기지 않는다. 만일 한우 안창살이라면 2인분이나 될까 하는 가격이다. 고기로서 육우의 장점은 저렴한 가격이다. 한우 송아지 한 마리가 몇 백만 원이라면 육우는 몇 십만 원 내외다. 시작점이 다르니 최종 가격도 다를 수밖에 없다. 게다가 사육 기간도 짧다. 한우를 짧아야 30개월 키운다면 육우는 24개월 이내에 도축한다. 짧게 키우는 이유는 그럴 필요가 없어서다. 육우라 어차피 등급이 안 나오니 굳이 마블링을 만들기 위해 비싼 사료 먹이며 오래 키울 필요가 없다.

전국의 육우 판매 식당을 부러 찾아다니기도 했다. 괜찮은 곳도 많았지만 수도권의 식당에서는 너무 과하게 조미료를 사용하고는 했다. 그럴 필요가 없음에도 고기를 내올 때 분무기로 MSG를 탄 물을 뿌리기도 했다. 도마 위 반짝이는 고기를 소금장 찍어 먹어 보니 느글느글한 MSG의 맛이 났다. 육우도 맛있다. 보름 정도만 숙성시켜도 맛나게 먹을 수 있다. 한우와 비교해 별반 차이를 못 느낀다.

한우를 좋아한다. 그렇지만 한우의 마블링은 좋아하지 않는다. 가끔 한우 생산자와 이야기를 나눈다. 고유종이고 지켜야 한다는 것에는 전적으로 동의한다. 동의 못 하는 지점은 마블링이다. 마블링 형성이 잘되는 것이 한우의 특성인 양 설명할 때는 '대략 난감' 하다. 마블링이 한우 맛을 대표한다고 떠든 지는 불과 30년 됐다. 한우를 키운 역사를 생각할 때 30년은 너무 짧다. 마블링이 당연시되면서 한우의 비싼 가격 또한 당연시되고 있다. 한우가 우수한 품종의 소는 맞다. 우수한 소에 더는 마블링의 굴레를 씌우지 않았으면 한다. 쇠고기는 다양한 부위에 다양한 맛이 있음을 알았으면 좋겠다. 74.5%의 고급육 시장에 거의 모든 한우 파는 식당이 몰려 있다. 즉 경쟁이 어마무시한 상황이라는 거다. 그 안에서 살아남기 위에 온갖 것을 갖다 붙이고 있다. 묵은지, 와사비, 게랑드 소금, 오마카세 등등 말이다. 아니면 특수 부위라는 말로 무엇인가 다름을 어필한다. 하지만 나는 특수 부위를 특별하게 적게 나오는 부위라 여긴다. 맛있어서 적은 것이 아니라 부위의 기능이 딱 그 정도면 되기에 그렇게 생겨 먹은 거다. 그렇다면 무엇으로 경쟁력을 높일 것인가? 경쟁이 치열한 1등급 시장이 아닌 학교나 군대 급식으로 공급하는 고단백 한우는 어떨까?

오일장 취재를 5년 동안 했다. 그러다 강원도 횡성에서 2등급 이하의 한우를 무한리필로 판매하는 식당을 만났다. 자리를 잡으면 주인장이 기본 분량의 고기를 제공하고, 그걸 다 먹은 다음 무한리필이 가능하다. 와사비나 묵은지 따위가 없는 식당이다. 특별한 것은 2등급 이하의 쇠고기를 저렴하게 판다는 것이다. 주변에 1++ 파는 식당이 즐비해도 굳건하게 식당 영업을 하고 있다.

고지방의 한우에 쏠려 있는 눈을 고단백 한우로 돌리면 새로운 시장이 보이고 새로운 메뉴가 개발될 수 있다. 새로운 식재료가 뚝 떨어지는 것이 아니다. 늘 곁에 있다.

5장 삼겹살의 나라에서 맛있는 돼지고기를 찾으려면

삼겹살데이의 딜레마

이런 데이 저런 데이가 판매 촉진과 마케팅의 일환으로 마구잡이로 생겼는데, 그중 가장 마구잡이 행사가 3월 3일 삼겹살데이다. 가뜩이나 돼지고기 하면 삼겹살 말고는 안 팔리는데, 삼겹살데이까지 만들어 삼겹살 판매를 촉진한다니, 얼마나 웃기는 이야기인가. 그러면서 평소에는 우리 돼지 한돈은 뒷다릿살도 영양 많고 맛있다고 광고를 한다.

돼지 한 마리에서 나오는 삼겹살 양은 정해져 있다. 국내에서 생산하는 양으로는 공급이 턱도 없이 모자라 수입까지 해서 채우고 있다. 그런데 굳이 삼겹살데이까지 만들어 판촉을 한다?

삼겹살은 돼지 한 마리에서 얼마나 나올까? 돼지는 보통 110kg 정도가 되면 도축한다. 6개월 정도 자라면 저 무게가 된다. 이 돼지에서 나오는 삼겹살 양은 약 14.2kg이라고 한다(《서울경제》 2021년 4월 20일). 국내에서 삼겹살로 정형하는 14.2kg에는 다양한 모양이 존재한다. 사람들이 좋아하는 꽃삼겹은 물론, 가끔 논란의 중심이 되는 떡지방 삼겹살까지 있다. 사람들이 좋다고 생각하는 삼겹살은 살과 지방의 비율이 50:50인데, 흉추 5번부터 9번까지다. 1번부터 4번까지의 흉추 부위는 갈비로 정형한다. 흉추 10번부터 14번 전후 부위는 앞선 부위보다 지방 비율이 높아져 살과 지방의 비율이 45:55 정도다. 이 다음 부분은 거꾸로 지방보다 살의 비율이 높아진다. 요추 1번부터 6번까지는 살과 지방이 55:45 비율이다.

삼겹살데이가 되면 유독 떡지방 삼겹살이 이슈가 된다. 공급이 소비를 못 따라가서 생기는 일이다. 평소라면 떡지방 부위(흉추 10~14번에서 나오는 살)은 어느 정도 손질을 해서 지방을 제거한다. 하루에 나가는 양이 많지 않기에 세밀한 손질이 가능하다. 하지만 행사 즈음에는 공급량이 폭증한다. 밀려드는 작업량에 할인 판매로 생기는 손실도 있으니, 조금이라도 손실을 줄이려는 시도를 한다. 평소에는 떼어내는 지방도 그냥 내보내게 되는 것이다.

한국인의 유별난 삼겹살 사랑이 돼지고기 가격을 올린다. 한 번씩 쇠고기보다 비싼 돼지고기를 먹게 되는 것도 이 때문이다. 삼겹살을 위한 돼지고기가 따로 있는 것이 아니다. 돼지 한 마리 키워 삼겹살, 목살 뺀 부위는 처치 곤란이다(조금 나오는 갈매기살, 가브리살, 항정살은 논외다). 김치찌개를 끓이거나 카레에 넣는 가정용 수요가 약간 있지만 한계가 있다. 앞다릿살이나 뒷다릿살은 대부분 양념을 해서 볶음용으로 판매하거나 다져서 소시지 재료로 사용한다. 그래도 남아 냉동고에 가득 쌓인다. 매년 3월 3일이 다가오면 삼겹살데이를 홍보하고, 그다음에는 남는 뒷다릿살 재고를 걱정하는 보도가 이어진다. 다른 부위가 제값을 못 받고, 제때 팔리지 않기 때문에 그 원가 부담을 인기 부위인 삼겹살과 목살이 떠안는다.

원래부터 구워 먹지는 않았다

이와 같은 삼겹살의 인기는, 고기는 구워야 맛이라는 통념과 경험에서 비롯된 것이다. 삼겹살을 불판에 올리면 비계가 타면서 나는 고소한 냄새, 입에 집어넣으면 느껴지는 진한 지방 맛이 '구운 고기 맛'이 되었다. 그런데 언제부터 우리는 돼지고기 하면 구이를, 구이 하면 삼겹살을 당연하게 받아들이게 되었을까?

조선시대까지만 해도 돼지고기는 낯선 음식이었다. 먹지 않았다는 게 아니라, 쇠고기에 비해 그랬다는 말이다. 우리 조상들은 예로부터 쇠고기를 좋아했고, 한국인은 쇠고기를 여전히 좋아한다. 비싸서? 아니다. 익숙해서다. 쟁기를 끌고 수레를 끄는 데 소는 필수다. 전근대 농경사회에서 소는 수확 기능만 빠진 트랙터였다. 소가 벼농사에 필수적이었으니 때마다 우금령을 내려 소를 함부로 잡아먹지 못하게 했지만, 어찌되었든 늙어 죽거나 사고로 죽은 소는 있었으니 늘 쇠고기를 먹어왔다. 권력자들은 당연히 고기를 먹으려고 소를 잡기도 했고. 하여 《승정원일기》에 의하면 숙종 때 하루 도살되는 소가 1,000마리에 이르렀다고 하고, 명절 등 특별한 기간의 수요까지 합쳐 연간 37만에서 38만 마리를 도살한 것으로 추산한다(김동진, 《조선환경생태사》, 푸른역사, 2017).

반면, 돼지는 굳이 길러 먹을 정도로 필요한 가축은 아니었다. 한반도의 돼지는 작았다. 추산으로는 한 마리의 무게가 22.5~26.5kg이었다. 비슷한 무게가 나가면서, 또 비슷하게 사람이 먹고 남긴 것을 먹이는 개와 경쟁을 벌였을 것이다. 사람 먹고 남긴 잔반이 넉넉하게 나오지 않는 곳에서는 돼지를 굳이 기를 이유가 없었다. 필요하면 멧돼지를 사냥해서 먹었을 것이다. 옛날 조리서에 돼지고기 관련 조리법이 적은 이유이기도 하다.

조선총독부 권업모범장 『성적요람』(1923)에 의하면 조선의 재래돈은 "체질이 강건하고 번식력이 강하나 체격은 극히 왜소하여 6~7관

김준근의 〈돼지 몰기〉.
한반도 재래종 돼지의 크기가
짐작된다.

(22.5~26.5kg)에 지나지 않는다"고 되어 있다. 또 "성숙이 늦고 비만성이 결핍하여 돼지 중 가장 경제가치가 열등하므로 이것을 개량하는 것이 매우 긴요하다"고 기록했다.

우리나라에 서구 개량종이 들어온 것은 1903년 영국산 '요크셔'와 1905년 '버크셔'종부터였으며, 이때 전국에서 사육되고 있는 돼지 두수는 약 57만 두 정도였다.

돼지의 개량에 관한 연구가 처음으로 시작된 것은 1906년 수원에 권업모범장이 설립되면서부터였다. 1908년 '버크셔'종을 통해 조선돈 개량을 도모하는 데 노력하였으며, "각 도에 배부된 두수는 1,300두에 이른다"고 기록되어 있는 것으로 보아 재래종은 조선 말인 1908년까지는 순종 상태로 유지되었음을 알 수 있다.

— 농촌진흥청 국립축산과학원,《축산연구 70년사》, 2022, 38쪽

이 짧은 글에서 중요한 사실을 확인할 수 있다. 한반도 재래종 돼지가 매우 작았다는 것이다. 즉 고기를 먹기 위해 힘들여 사육할 만한 가치가 떨어진다는 것이다. 25kg 남짓의 작은 돼지를 구워서, 그것도 삼겹살만 구워서 먹지는 못했을 것이다. 그러니까 한민족에게 애초부터 삼겹살 선호의 DNA가 있었던 것은 아니다.

지금이야 삼겹살을 최고로 치지만 불과 40년 전에는 등심과 방아살(안심)을 최상육, 뒷다릿살을 상육, 어깻살을 중육, 삼겹살을 하육으로 취급한다는 기사를 볼 수 있다(《조선일보》1985년 7월 14일). 고조리서를 살펴봐도 돼지고기는 비계를 제외하고 살코기만으로 조리하는 레시피가 나온다. 그러던 상황은 언제 바뀌었을까?

나는 1960년 대일 수출 품목에 돼지고기가 추가된 것을 중요한 계기로 본다. 국립축산과학원의 통계에 의하면 1979년 돼지 사육 두수는 284만 3,000두다(국립축산과학원,《축산과학 혁신의 도전 70》, 2022). 10년 전보다 2배 늘어난 숫자라고 하는데, 그렇다면 1969년에는 140만 두 정도 사육했다고 추정할 수 있다. 이때 돼지 사육이 늘어난 것은 대일 수출의 영향이다. 돼지고기를 일본과 홍콩 등으로 수출하기 위해 돼지 사육 두수를 늘렸을 뿐 아니라 일

본 소비자에 맞춰 돼지고기 품질 향상을 꾀하느라 거세 등이 도입되었다.

어찌되었든 돼지고기 수출이 시작되었다. 그런데 당시 신문기사 하나가 눈에 띈다. 1980년 4월 10일자 《매일경제》 기사인데, 대일 수출 제외 부위인 하급 삼겹살에 대한 대책이 필요하다는 내용이다. 일본에 돼지고기를 수출하지만 삼겹살은 제외되었다. 예나 지금이나 살아 있는 돼지를 수출하거나 도축한 돼지 한 마리를 통째로 수출하지는 않는다. 소분 작업해서 부위별로 수출한다. 등심, 안심, 앞다릿살, 뒷다릿살 등으로 구분한다는 말이다. 일본으로 주로 수출한 것은 등심이나 안심이었다. 당시 한국인은 수출하지 못한 잔여의 돼지고기 부위를 먹기 시작했다. 머릿고기, 내장, 그리고 삼겹살이다.

규격돈이라는 것이 있다. 유통 형태나 소비자의 선호도 등에 의해 생산·유통에 적합하다고 생각되는 돼지의 무게를 정한 것이다. 한국의 규격돈은 무게 105~110kg, 도체중 80~95kg이다. 180일령 돼지, 그러니까 6개월 키운 돼지의 무게가 이 정도 나간다. 돼지를 그 무게 이상 나가도록 키우면 살은 늘지 않고 지방만 쌓인다. 하몬을 만들기 위해 10개월 이상 키우는 이베리코 돼지의 뱃살은 삼겹살조차 사라지고 거의 비계만 있다.

돼지 한 마리를 잡아 머리, 꼬리, 내장 제거한 지육枝肉 중에서

가장 큰 비중으로 나오는 것이 뒷다릿살이고, 그다음이 삼겹살
이다. 지육 비율이 32%로 가장 높은 뒷다릿살은 수출했다. 등심
과 안심도 당연히 수출했다. 지육 비율이 그다음인 삼겹살이 남
는다. 전통적인 선호와는 무관하게, 한국의 서민들은 싸게 풀린
고기를 먹을 수밖에 없었다. 기름 많은, 이 낯선 고기를 어떻게 먹
어야 했을까? 활로는 '구이'였다. 마침 프로판가스(LPG)가 보급되
었다.

　1979년 8월 25일자 《동아일보》 기사는 "주점가에 늘어가던 삼
겹살집이 여름이면 파리만 날린다."며 돼지고기 가격의 폭락을 걱
정했다. 1979년이면 대일 돼지고기 수출의 역사가 20년가량 쌓
였을 때인데, 남아도는 삼겹살을 구이로 소화하고 있음을 알 수
있다. 그러나 문제는 더위와 불기. 가스를 연료로 쓰기 전에는 숯
불이나 연탄을 앞에 놓고 불판을 놓아야 했다. 더운 여름에 그 불
기를 견디며 고기를 구워 먹기는 어려웠다. 이 문제를 해결한 게
가스 보급이었다. 여름에도 고기를 구워 먹을 수 있게 되었다.

　가스 보급으로 인한 변화가 또 하나 있다. 가스 화구 위에 석쇠
가 아닌 전용 불판을 놓고 고기를 굽게 되면서 고기의 기름이 떨
어져 불이 번지거나 연기가 나는 걸 방지할 수 있게 된 것이다.
1980년에는 휴대용 가스레인지가 보급되어 가정에서도 밥상에
서 바로 삼겹살을 구우며 먹을 수 있게 되었다. 이른바 '코리안 바

비큐'의 원형이 이렇게 시작되었다. 이렇게 가스의 보급은 흔해진 삼겹살을 식당에서, 또 가정에서 소화할 수 있게 했다. 때마침 1980년대 경제 발전이 삼겹살 소비를 부추겼다. 퇴근길 소주 한 잔에, 왁자지껄 회식에, 쇠고기는 몰라도 지글지글 삼겹살 구우며 기분을 낼 수 있었다.

품종을 골라 먹자

한때 '돈마호크'라는 것이 유행했다. 1번부터 4번 흉추까지 갈비뼈째 결대로 자르면 등심이 많고 삼겹살과 등갈빗살이 조금 붙어 있게 잘린다. 돈마호크는 한 번에 여러 부위를 먹을 수 있다는 장점을 내세워 마케팅을 했는데, 등심을 갈빗살과 함께 뼈째 자른 쇠고기인 '토마호크'를 흉내 낸 이름을 붙인 한국만의 정형 형태다. 유행까지 뭐라 할 수는 없으나 가격 폭리는 따져봐야 한다. 등심이나 삼겹살보다 비쌀 이유가 없는데도 돈마호크는 비싸다. 게다가 계산에서 빠뜨리기 쉬운 뼈 무게(약 40g)까지 고려하면 거의 두 배 장사를 하는 셈이다.

게다가 기대와 달리 맛있게 먹기가 어렵다. 등심을 구울 때 적당한 두께와 삼겹살을 구울 때 적당한 두께는 다르다. 등심을 먹

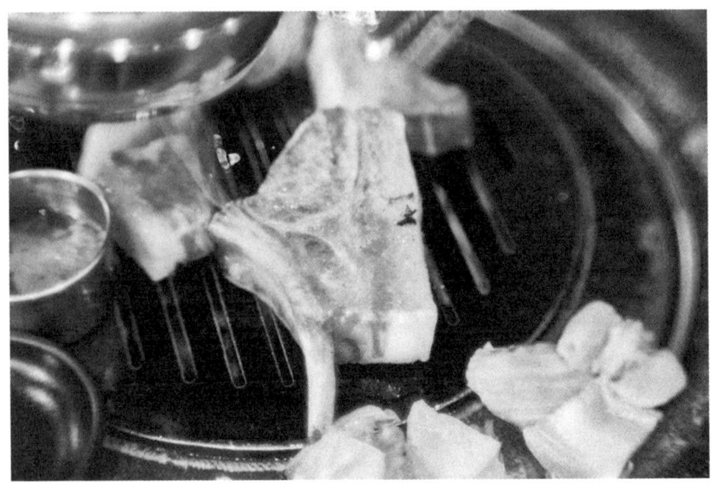

'돈마호크'라는 그럴듯한 이름을 내세우지만 맛있게 먹기는 어렵다.

기 좋게 굽는 시간과 삼겹살을 먹기 좋게 굽는 시간도 다르다. 이걸 하나로 붙여 구우면 어느 한 부위는 맛없이 먹거나 두 부위 모두 맛없이 먹게 된다.

식당 입장에서 이윤을 추구하는 게 악덕도 아니고, 소비자 입장에서 기왕이면 맛있는 걸 먹고 싶은 게 욕심도 아니다. 그렇다면 '돈마호크' 같은 억지 마케팅보다 좋은 게 있다. 품종을 골라 팔고, 품종을 골라 먹는 것이다.

한국에서도 유명한 일본 가고시마의 흑돼지가 있다. 흑돼지 등심을 두툼하게 썰어 돈가스로 튀기기도 하고, 얇게 썰어 샤부샤부로 먹기도 한다. 이 가고시마 흑돼지의 품종이 버크셔다. 품종이 달라지면 돼지고기 맛이 다르고, 구이 일변도에서 벗어나 다양한 조리법을 시도해볼 수 있다.

2010년대 들어 돼지고기 품종에 지각변동이 일어났다. 대표적으로 가고시마 흑돼지와 같은 버크셔종을 한국에 맞게 개량한 버크셔K를 비롯해 우리흑돈, 난축맛돈, YBD 등의 품종이 새로 생겼다. 여기에 요즘은 스페인에서 이베리아 돼지를 수입하기도 한다. 같은 품종의 돼지고기를 두고 부위만 골라 먹는 게 아니라, 어느 가게에서 더 싼 고기를 파는지만 따질 게 아니라, 내 입맛에 맞는 품종의 돼지고기를 골라 먹을 수 있는 시대다. 그러면, 어떤 품종이 있을까?

버크셔

1800년대 영국에서 개량한 품종이다. 그 당시에도 귀족들만 먹던 나름 족보 있는 돼지다. 청교도 따라 아메리카 대륙으로 넘어갔던 버크셔는 1905년 한반도에 도입됐다가 2000년도에 본격적으로 사육과 육종이 시작됐다. 버크셔는 육백六白이라 불리기도 하는데 이는 코, 다리 네 개, 꼬리가 하얗다 해서 붙은 별명이다. 버크셔의 장점은 씹는 맛이 다른 돼지에 비해 좋다는 것이다. 그 이유는 다음과 같은 특징에서 비롯된다.

버크셔종 돼지.

버크셔 품종의 돼지는 첫째, 근섬유가 가늘고 근다발이 많다. 그래서 근섬유에 있는 수용성 부분 또한 많기에, 수분을 잡고 있는 능력이 좋아 요리 후에 고기 표면이 딱딱해지는 것이 덜하다. 둘째, 불포화지방산 함량이 오리고기보다 높다. 그래서 지방 맛이 깔끔하다. 버크셔종 돼지고기로 수육을 하면 국물에서 닭고기 국물과 비슷한 맛이 나는데, 이는 불포화지방산 중 올레인산 함량이 높기 때문이다. 셋째, 비계가 맛있다. 버크셔의 비계는 수분 함량이 요크셔나 랜드레이스 같은 백색 돼지보다 10% 정도 적다. 삶은 것을 씹어도 물컹하지 않고 쫄깃하다. 구우면 살코기보다 비계 맛이 더 좋다.

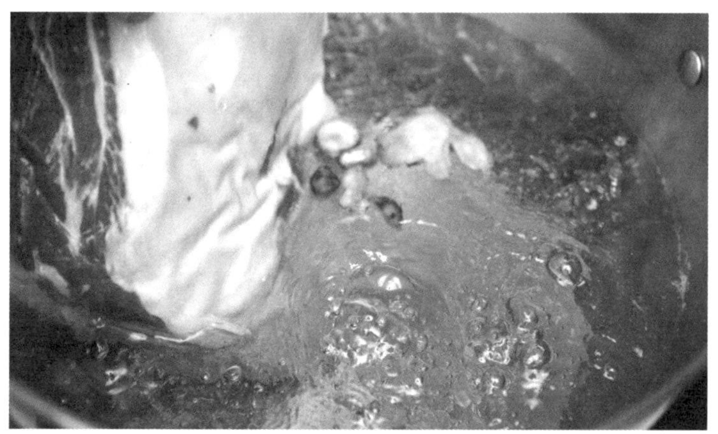

품종을 잘 선택하면 구이 일변도의 돼지고기 요리에서 벗어날 수 있다.

버크셔 돼지고기로 처음 수육을 삶았을 때 깜짝 놀랐다. 다른 돼지고기로 했을 때보다 국물이 맑고 깔끔했다. 처음에는 고기가 참 좋네, 하고는 넘겼다. 남은 국물을 끓여 국밥을 만들어봤다. 사골 국물이 들어가는 뽀얀 부산 돼지국밥과는 다른 국밥이 나왔다. 토종닭 국물과 맛과 색이 비슷했다. 닭곰탕을 잘 먹는 딸아이(당시 초등학교 5학년)에게 국밥을 주니 잘 먹었다. 나중에 버크셔 돼지갈비를 소금간만 해서 쪄 먹기도 했고 갈비탕도 끓여 먹었다. 역시 국물이 좋았다.

버크셔 돼지고기로 국밥을 끓이는 방법은 이렇다. 뒷다릿살 혹은 앞다릿살을 준비한다. 4인 기준으로 500g 내외면 된다. 냄비에

물을 넣고 팔팔 끓인다. 물이 끓을 때 고기를 넣는다. 그대로 1시간 10분 정도 끓이면 된다. 핏물을 빼지 않으면 냄새 나지 않을까 하는 걱정이 들겠지만 전혀 나지 않는다. 도축 기술이 떨어지고 냉장고가 없던 시절의 레시피가 그대로 전해져 고기 삶을 때 핏물을 꼭 빼야 한다고 생각할 뿐이다. 삼겹살 구이를 생각해보자. 핏물 빼지 않고 그대로 굽는다. 반면에 수육은 냄새 없앤다며 핏물 빼고 소주 붓고 된장 넣고 한다. 같은 돼지고기인데 수육용에서만 냄새가 날 리는 없지 않은가. 이는 버크셔뿐만 아니라 모든 돼지고기에 해당한다. 마늘 몇 쪽과 소금 조금 넣고 50~70분 끓이면 된다. 중간중간 거품만 제거하면 되는데, 버크셔는 다른 어떤 돼지고기보다 거품이 덜 난다. 끓일 때 우엉을 넣으면 국물이 더 깔끔해진다는 것은 몇 년 동안 돼지국밥을 끓이면서 알게 된 비결 중 하나다. 우엉이 없을 때는 우엉차용 볶은 우엉을 넣어도 괜찮다. 묵직한 국물이 좋다면 우엉은 생략해도 좋다. 마른 생강 한 쪽이나 통후추 두어 개 넣어도 좋다.

재료가 좋으면 조리는 단순해진다. 몇 군데 식당에서 맑은 돼지국밥을 내고 있다. 난축맛돈, 한돈 등을 사용하는 곳도 있는데, 고기 맛도 고기 맛이지만 비계 씹는 맛에서 버크셔가 최고다. 버크셔의 비계는 살짝 쫄깃해 살코기의 고소함과 잘 어울린다. 백색 돼지나 난축맛돈으로 한 국밥의 비계는 조금 무르다. 씹는 맛이 약간 부족한데, 이는 삶는 정도를 조정함으로써 어느 정도 극복할수 있다. 국내에서는 유일하게 전북 남원의 '다산육종'에서 버크셔돼지를 키운다.

이베리코

스페인이 자리 잡은 이베리아 반도의 이름을 딴 돼지 품종으로, 검은 털을 가졌다. 이베리코 하면 뒷다리를 소금에 절여 장기간 숙성하는 생햄인 하몬jamón과 이베리코 돼지의 먹이인 도토리를 떠올린다. 하몬부터 수입하기 시작했고, 근래에 냉동육이 수입되면서 전문점이 늘고 있다. 하지만 현재 수입하는 돼지는 100% 이베리코종뿐 아니라 두록과 교배한 것까지 이베리코 돼지로 유통된다. 또한 수입하는 이베리코 돼지 대부분이 방목하지 않고 사료를 먹여 사육한 것이다. 식당을 가거나 돼지고기 판매 사이트를 보면 방목하는 돼지 사진과 도토리 이야기가 빠짐없이 등장한다. 스페인 서부 데에사Dehesa 지역에서 생산하는 돼지의 5% 정도에만 해당하는 '베요타'('도토리'라는 뜻으로, 데에사에서 방목한 돼지를 가리킨다)의 후광을 보고자 하는 얄팍한 상술이다.

이베리코 돼지는 50%, 75%, 그리고 순종으로 나뉜다. 이베리코 순종끼리 교배한 것이 100%, 이베리코 순종 암돼지에 두록을 교잡한 것이 50%다. 이베리코 순종 암돼지에 50% 수돼지를 교잡한

이베리코종 돼지.

것이 75%다. 여기에 사료 급여, 방목 여부에 따라 세 등급으로 나뉜다. 베요타Bellota, 세보 데 캄포Cebo de campo, 세보Cebo다. 세보는 방목도 하지 않고 사료를 먹여 키운 돼지다. 세보 데 캄포는 덩굴성 콩과식물 등을 먹인 것으로, 한 달 정도 방목한 돼지다. 최상급인 베요타는 도토리가 열리는 11월부터 3월까지 방목한 돼지다. 여기서 방목이란 돈사에 가둬 키우지 않는 것을 가리키는 정도의 개념이 아니다. 매우 까다로운 조건이 붙는다. 돼지 한 마리당 1헥타르의 면적, 그리고 먹이가 되는 도토리나무 30그루가 있어야 한다. 도토리나무 한 그루에서 10~12kg의 도토리가 열린다. 도토리로 돼지 1kg을 살찌우기 위해 한 그루의 나무가 필요한 것이다.

멀리 스페인까지 갈 필요도 없이, 가까운 일본 가고시마 흑돼지만 해도 브랜드 품질 유지를 위한 여러 가지 기준이 있다. 그중에서 눈에 띄는 것은 두 가지다. 사육 기간 중 최소 10~20%는 고구마 사료를 먹여야 한다는 것과 230일 이상 사육한다는 것이다. 고구마 사료는 돼지고기의 맛을 좋게 하려는 것이고, 사육 기간은 쫄깃한 식감을 더 주기 위함이다. 가고시마 흑돼지뿐 아니라 일본은 지역마다 브랜드육을 육성한다. 홋카이도의 브랜드육은 보리를 10% 이상 줘야 하고, 또 다른 지역의 어떤 브랜드는 쌀을 사료화해서 준다. 사료 차별화를 통해 맛의 경쟁력을 확보한다. 최대 생산이 아니라 최고의 맛을 미덕으로 여긴다.

이베리코 돼지가 도토리와 방목으로 명성을 얻었지만, 내가 보기에 중요한 것은 긴 사육 기간이다. 버크셔를 포함해 대부분의 돼지는 6개월(180일) 사육한 후 잡는다. 베요타는 그 세 배인 17개월을 키운다. 돼지고기를 분석해 성분이 비슷해도 맛의 격이 다른 이유가 바로 품종에 더해진 시간의 맛이 아닐까 한다. 물론 그렇게 오랫동안 사육하는 비용이 돼지고기 값에 포함돼 가격이 비싼 것이 흠이다.

주한스페인대사관에서 주최한 시식회에서 베요타 등급의 이베리코 돼지고기를 맛본 적이 있다. 세보나 세보 데 캄포를 맛본 적이 있어 시식회장 가기 전부터 기대가 컸다. 기대를 한 만큼 실망도 클 수 있겠다 걱정을 했는데, 베요타는 그렇지 않았다. 맛있었다. 일부러 식혀서 먹었는데도 부드러운 식감이 일품이었다. 씹을 때마다 품고 있던 육즙이 터져 나왔다. '고기는 씹는 맛'이라는 말이 잘 어울리는 돼지고기다.

그런데 베요타뿐만 아니라 이베리코 돼지를 살펴보면 삼겹살이 없다. 이유는 간단하다. 오래 키우기 때문이다. 사람이 나이가 들면 배가 나오는 것처럼 돼지도 오래 키우면 지방이 많이 끼어 삼겹이 사라진다. 이베리코라는 이름을 걸기 위해서는 최소 10개월의 사육 기간이 필요하다. 그러니 이베리코 돼지고기 먹을 때 삼겹살 구이를 기대하면 안 된다.

방목으로 키우며 도토리만 먹이는 것은 이베리코 돼지 중에서도 베요타 등급뿐이다. 하지만 이베리코 돼지고기를 다루는 모든 식당과 판매처에서 자신들이 파는 이베리코 돼지의 등급은 밝히지 않은 채 도토리와 방목, 그리고 세계 4대 진미를 선전한다. 방목하지도 않은 것을 방목한 것처럼, 도토리는 구경도 못 한 돼지의 고기를 베요타인 양 판매하는 것은, 어쩌면 사기다.

YBD

일본에 수출하기 위해 키웠던 돼지고기는 랜드레이스Landrace 종, 버크셔Berkshire종, 햄프셔Hampshire종을 교배한 돼지였다. 지

요크셔, 버크셔, 두록의 삼원교배종, YBD.

금 먹고 있는 돼지고기와는 조금 다른 삼원교배종이다. 1970년
대 후반부터 햄프셔 대신 요크셔Yorkshire종, 랜드레이스종, 두
록Duroc종을 교배한 돼지를 많이 사육했다. 요크셔종은 몸무게
가 300~350kg 정도로 큰 데다 발육이 빠르고, 랜드레이스종은
한 배에 새끼 8~12마리를 낳으며 어미돼지의 하루 젖 생산량이
7~12kg으로 번식력이 우수하다. 두록종은 적색 털을 가진 미국
동부 원산으로, 육질이 좋다.

이 세 종의 장점을 취하기 위해 교배해 적당히 잘 크고, 적당히
새끼 잘 낳고, 적당히 맛있는 돼지로 육종한 품종이 YDL이다. 누
가 어디서 무엇을 먹이며 키우든, 또한 어떤 브랜드를 달았든, 어

디에서 팔든, 한국에서 유통되는 돼지고기의 99%가 이 삼원교배
종이다. 이 중에서 다산을 담당하는 랜드레이스 대신 육질 개선
을 위해 버크셔를 교잡한 것이 YBD 품종이다. '다비육종'에서 육
종 및 사육하고, '얼룩돼지'라는 브랜드로 유통한다. 붉은빛이 도
는 몸체에 검은 반점이 있는 모습을 그대로 부른 명칭이다. 맛이
YDL에 비해 깊다. 하지만 생산성과 맛의 갈림길에서 조금 맛 쪽
으로 간 정도다.

최근 YBD만 전문적으로 취급하는 식당이 늘고 있다. 식당에서
는 생산량 0.1%의 '귀한' 돼지고기라고 홍보한다. 사육하는 양이
적으니 귀한 것이지, 품질이 좋아서 귀한 것은 아니다. 다시 한 번
이야기하자면, YDL보다 조금 나은 정도라는 게 내 생각이다. 돼
지고기의 맛은 여러 유전자를 섞어 육종한 것보다 단일 품종이 훨
씬 좋다.

다수가 YDL이나 YBD를 팔기에 경쟁이 치열하다. 이럴 때 두록
등의 단일 품종으로 차별화하는 것은 어떨까.

두록

미국 동부가 원산인 품종으로, 털색이 붉은색에서 적갈색까지
다양하다. 국내에는 1958년도에 처음 들여왔다. 그간 삼원교배종
에서 '맛'을 담당하다 단일 품종으로 판매되기 시작했다. 일반 돼

지방의 맛이 좋은 두록종.

지고기보다 육질이 붉고, 지방의 맛이 좋다. 부드러우면서 탄성이 있는 식감에 감칠맛이 좋아 최근 두록 품종 돼지고기만 전문적으로 취급하는 곳이 늘어나고 있다. 요새는 스페인산 두록을 수입하면서 비교적 흔해졌다. 쇼핑몰 검색을 좀 더 꼼꼼히 하면 국내산도 구할 수 있다. 온라인에서 '국내산 두록'으로 검색하면 몇몇 판매처가 있다.

세상의 먹는 돼지는 백색 돼지(실제는 핑크빛이지만, 흑돼지의 반대 개념으로 통상 '백색 돼지'라 한다)와 유색 돼지로 나뉜다. 사실 고기를 먹기 위해 키우는 품종은 대부분 백색 돼지다. 적당히 잘 크고 적당히 맛있는 돼지로, 산업화하기 딱 좋다. 이에 비해 유색 돼지는 성장성이나 사료 효율에 약점이 있어 산업화하기 힘든 점이 있다. 흑돼지 계통의 돼지가 맛이 좋다는 것은 정설처럼 되어 있다. 흑돼지뿐만 아니라 유색 돼지 자체가 맛이 좋은 편이다. 두록은 맛은 좋으나 새끼를 적게 낳기에 생산성이 떨어진다. 순종 단독으로 키우려는 농가가 적은 이유다.

맛이 좋은 것은 맞지만 그렇다고 근거 없는 세계 4대 진미에 넣거나 흑돼지에 빗대는 것은 지나친 과장이고 거짓이다. 그런데 판매처는 소비자의 얕은 지식에 기대 거짓말을 늘어놓는다. 맛으로는 삼원교배종보다 두록이 낫다. 그것으로 충분하다. 등심으로 돈가스를 만들면 맛있다.

제주 재래돼지

제주도 하면 보통 흑돼지를 떠올린다. 시중 식당에서 먹는 흑돼지는, 엄밀히 이야기하자면 재래흑돼지는 아니다. 2015년 3월 17일자 《한겨레》에 제주 흑돼지가 천연기념물로 지정되었다는 기사가 실렸다. 기사에 따르면, 지정된 흑돼지는 제주도축산진흥원에서 키우는 260여 마리다. 일반 식당에서 판매하는 '흑돼지'는 재래흑돼지에 두록종이나 버크셔종을 교잡한 것이고, 사육 두수는 8만여 마리라고 했다.

2018년, 제주도에 사는 후배로부터 귀중한 정보를 하나 얻었다. 제주방송에서 일하다 지금은 가업을 잇고 있는 친구다. 예전에 방송일 할 때 축산진흥원에서 불하받은 재래돼지를 키우는 곳을 취재한 적이 있다고 했다. 육질이 뛰어나지만 체구가 작고 자라는 속도가 느려 농가에서 선호할 품종이 아니다. 또한 천연기념물로 지정한 재래흑돼지는 사육 두수와 표준체형 등을 엄격하게 관리한다. 그런데 1년에 한 번 하는 심사에서 나이가 들어 표준체형을 갖추지 못한 개체는 천연기념물 지위가 해제되고 제주도축산진흥원에서 반출된다(《연합뉴스》 2025년 3월 2일). 이런 돼지를 받아 키우는 농장이 있고, 농장이 직영하는 식당도 있다는 소식이었다. 제주 재래돼지의 맛이 궁금해 바로 약속 잡고 제주로 갔다. 식당에 도착해 메뉴를 보니 모둠(구이)과 제육 두 가지밖에 없었다. 여느 식당처럼 부위를 구분해놓은 게 아니었다. 모둠은 삼겹살, 목살, 앞다릿살 구성이다. 뒷다릿살은 돼지고기볶음 반찬으로 내주었다.

주문한 고기의 빛이 밝은 선홍색이었다. 삼겹살은 비계가 많았다. 고기의 선홍색이 사라지고 하얗게 변했을 때 맛을 봤다. 삼겹살은 비계가 많지만 쫀득했다. 살은 육즙을 품고 있었다. 제주 어느 곳에서 먹었던 돼지고기보다 뛰어났다. 진짜 궁금했던 것은 앞다릿살이었는데, 삼겹살 못지않은 식감이었다. 비계가 적어 퍽

제주 재래돼지는 크기도 작고 성장도 느리지만, 다른 어떤 품종의 돼지고기보다 깊은 맛이 있다.

퍽할 듯싶지만 씹는 맛이 좋았다. 가장 맛있다고 생각해온 버크셔 K보다 조금 더 깊은 맛이 있었다.

돼지고기 맛을 보니 돼지의 사육 환경이 궁금해 몇 주 뒤에 한경면에 있는 농장을 방문했다. 문이 닫혀 있지 않은 널찍한 환경에서 돼지들이 자유롭게 드나들고 있었다. 농장 주인과 이야기하는 사이에도 낯선 이가 궁금한지 돼지들이 내 주변을 어슬렁거렸다.

제주 재래돼지는 성장이 더디다. 백색 돼지는 6개월 사육하면 110kg 도체 중량에 도달하지만, 제주 재래돼지는 13개월을 키워도 채 80kg이 안 된다. 사육 기간은 두 배, 무게는 30% 덜 나가지만 가격은 1.5배다. 재래돼지가 퍼지지 못하는 걸림돌이다. 맛은 국내에서 키우는 어느 돼지보다 뛰어나다. 우리가 먹어봐서 아는 어떤 품종보다 깊은 맛이 난다. 더디게 성장하지만 13개월 동안 맛이 응축되는 게 아닐까 추측한다. 18개월 사육하는 이베리코 베요타처럼 말이다.

제주 재래돼지의 삼겹살은 이겹에 가깝다. 사육 기간이 길어지면서 지방이 더 두껍게 끼기 때문이다. 삼겹살 모양이 시중 삼겹살과 완전히 달라 맛있어 보이지 않지만, 시중 삼겹살이 쫓아오지 못하는 맛이 난다. 다만 비계 양이 많아 호불호가 갈린다.

처음에 협재해수욕장 쪽에 있던 식당은 문을 닫고, 지금은 농장 안으로 이전했다. 한경면 늘푸른농원이나 연리지가든을 검색해 방문하면 된다. 사전에 예약해야 편하게 맛볼 수 있다.

난축맛돈과 우리흑돈

제주 흑돼지만 한반도 재래종은 아니다. 1988년부터 복원 사업을 벌여 탄생한 '축진참돈'('축산업을 진흥하는 진정한 돼지'라는 뜻)도, 이를테면 육지계 재래돼지종이라 할 수 있다. 재래돼지는 크기가 작고 빨리 자라지 않는다는, 산업적으로 키우기에는 치명적인 단점이 있다. 그래서 또 육종을 했다.

난축맛돈은 제주 재래돼지와 랜드레이스(한라랜드)를 교배해 육종한 품종이고, 우리흑돈은 축진참돈과 축진두록(1998년 미국과 캐나다의 씨돼지를 들여와 우리 환경에 맞게 개량한 두록 품종)을 교배한 품종이다. 발표한 바로는 두 개량종의 재래돼지 유전자는 난축맛돈에 6~13%, 우리흑돈에 37.5% 포함되어 있다.

여기서 생각해볼 것이 하나 있다. 제주 재래돼지는 토종 품종일까? 앞서 언급한 것처럼, 토종돼지는 현재 사육하는 돼지의 작은 새끼 크기인 22~25kg 전후의 작은 품종이었다. 만주 지역의 돼지나 버크셔종과 교배하면서 개체가 커졌다. 이런 개량이 이루어진 것은 일제강점기다.

난축맛돈과 우리흑돈 육종에 사용한 재래돼지는 순종 토종돼지가 아니라 유전자 선별을 통해 복원한 종이다. 그 대상이 된 것이 애초에 일제에서 조사한 개체당 22~25kg 나가는 토종돼지보다 큰 돼지였다. 생산성이 떨어지는 재래돼지조차 체구가 큰 돼지의 유전자가 이미 혼합돼 있는 것이다. 과일, 쌀, 채소, 돼지, 닭을 개량하는 목적은 대부분 맛보다는 생산성을 높이는 것이다. 우리흑돈이나 난축맛돈도 마찬가지다. 맛이 좋은 재래돼지에 생산성이 좋은 품종을 교배해 맛과 생산성을 적절히 혼합한 절충형 품종이다.

문제는 일부 판매장에서 난축맛돈이 마치 제주 재래돼지를 복원한 품종인 양 소비자를 기만하는 것이다. 처음에는 개량과 복원의 의미를 몰라서 그러려니 했지만, 수정을 요청해도 무시하는 걸 보면 의도적인 사기의 혐의도 없다고는 못 하겠다.

집 안에서 삼겹살을 구울라 치면 신문지를 사방팔방에 깔아놓고 시작한다. 돼지고기를 구울 때 작은 기름방울이 튀기 때문인데, 난축맛돈, 우리흑돈, 버크셔는 그럴 걱정이 없다. 살짝 기름이 튀어도 불판이나 프라이팬을 벗어나는 경우가 거의 없다. 먹고 난 후 상 위에도 기름 자국이 거의 남아 있지 않을 정도다. 근섬유가 많은 흑돼지의 특성 때문이 아닐까 추측한다.

흑돼지는 비싸다. 우리흑돈이나 난축맛돈 또한 백색 돼지에 비해 비싸다. 2025년 1월 기준, 온라인 쇼핑몰에서 판매하는 우리흑돈 냉장 삼겹살이 100g에 5,330원, 난축맛돈은 5,400원인데, 백돼지는 2,300~2,700원대다. 백색 돼지에 비해 비싸지만 부담이 될 정도는 아니다. 3~4인 가족 기준으로 10,000원 정도 더하면 맛있는 돼지고기를 골라 먹을 수 있다.

품종이 바뀌면 구이 아니라도 맛있다

돼지고기는 구우면 맛있다. 뜨거운 열에 단백질과 지방이 익으며 생기는 풍미가 입과 코를 자극한다. 돼지고기 부위 중에 갈매기살이 있다. 갈비뼈 안쪽에 붙는 살이다. 110kg 돼지 한 마리를 잡으면 300~400g 나온다. 지방보다 살코기가 많고 붉은빛을 띠고 있어 손질해놓으면 쇠고기처럼 보이기도 한다. 손질한 것을 마늘, 참기름 양념 해서 구워 먹는 게 보통의 방법이다.

그런데 품종을 바꾸면 꼭 굽지 않아도 갈매기살을 맛있게 먹을 수 있다. 내가 갈매기살의 가능성을 본 것은 돼지고기 육개장이다. 처음부터 육개장 끓일 생각은 없었다. 맑은 돼지곰탕의 고명 재료로 등심, 갈비, 삼겹살, 목살 등 여러 가지를 테스트하다가 갈매기살까지 생각이 미쳤다.

손질하지 않은 버크셔K 갈매기살을 구했다. 몇 번 갈매기살을 손질한 적이 있어, 손질하지 않고 보내달라 큰소리쳤다. 기름도 기름이지만 갈매기살은 얇은 근막으로 쌓여 있다. 근막을 잘 제거하지 않으면 씹을 때 걸리적거린다. 갈매기살 2kg을 손질했다. 하다가 포기했다. 가위로 근막을 잘라내다가 스치는 생각이 있어서다. 근막의 주성분은 콜라겐. 고기를 오래 삶으면 콜라겐이 부드러워질 듯싶었다.

손질을 때려치우고 물을 붓고 삶았다. 뜨는 기름은 그냥 두었다. 나중에 냉장고 넣어두면 기름이 응고되어 제거하기 쉽다. 오래전 즉석 곰탕 공장에 가서 보니 곰탕을 끓인 다음 냉각기를 두 번 거치는 사이 응고된 지방을 한 번에 제거했다. 그렇게 제거하면 끓이며 일일이 떠내는 것보다 국물도 깔끔하다. 일반적인 곰탕 공장은 기름을 제거하지 않고 호모지나이저homogenizer로 지방을 나노 단위로 쪼갠다. 제거하지 않은 지방만큼 원가를 절감하는 방법이다. 대신 국물은 텁텁하다.

한 시간 반 정도 갈매기살을 끓였다. 지방을 떼지 않은 탓에 기름이 많이 떴다. 식혀서 냉동고에서 한 시간 정도 뒀다 꺼내 육수 위에 하얗게 뜬 지방 덩어리를 제거했다. 육수를 데우고 고기를 넣어 먹어봤다. 다른 어떤 부위로 했을 때보다 육향이 강했다. 고춧가루를 넣어도 괜찮을 듯싶었다. 육수에 고춧가루, 마늘, 고사리, 대파를 넣고 다시 한 번 끓였다. 고기까지 넣어 한소끔 끓이니 제대로 된 육개장 맛이 났다. 후에 등심덧살로도 해봤는데 육개장 맛은 갈매기살이 몇 수 위였다.

구이 말고 돼지고기를 먹는 방법(김치찌개나 카레에 넣는 것 빼고)으로 돼지고기 수육이 있다. 검색하면 무수히 쏟아지는 레시피들이 저마다의 비법을 자랑하는데, 사실은 비슷하다. 비슷한 비법의 교집합은 '잡내를 잡는다'는 것이다.

수육 삶을 때 잡내를 제거한다며 된장, 월계수 잎, 희석식 소주를 넣는 것을 비법이라고 소개한다. 희석식 소주의 알코올이 고기 냄새를 없앤다는 과학적인 근거는 없다. 소주를 넣으면 알코올은

날아가고 소주에 있던 감미료 성분이 남아 달아질 수는 있어도 냄새를 없애지는 못한다. 있는 잡내를 다른 재료를 넣어 없애는 방법은 없다. 다른 맛으로 가리거나 완화할 뿐이다. 잡내 없는 수육 삶는 최고의 비법은 잡내 없는 고기를 구입하는 것이다.

24년 동안 식품 MD 하면서 고기의 잡내를 맡은 적이 몇 번 있다. 모두 공기와 오랫동안 접촉한 고기였다. 고기는 시간이 지나면 상한다. 냉장고는 시간을 지체시킬 뿐 상하는 것을 막지는 못한다. 빛과 공기에 자주 노출될수록 고기 상하는 속도는 빨라진다. 그 속도를 지연하기 위해 진공 포장을 하고 콜드체인으로 유통한다. 그래서 잡내 나는 고기는 거의 없다. 잡내 나는 고기가 없음에도 이런저런 레시피니 비법에서 빠지지 않고 잡내 잡는 법이 등장하는 이유는 고기에 대한 이해가 없기 때문이다. 예전에 그랬으니 지금도 그래야 한다는, Ctrl-C, Ctrl-V의 결과다. 잡내 없는 고기는 소금과 마늘만 넣고 삶으면 된다.

나는 버크셔, 이베리코, 흑돈, 두록, YBD 등으로 수육을 만들 때 마늘만 넣는다. 고기 자체가 나름의 맛이 있으니 별다른 조미료가 필요 없다.

흑돼지 계통의 돼지는 시중 돼지보다 비싸다. 대신 부위에 따른 용도 제한이 없다. 백색 돼지는 목살과 삼겹살은 찌고 굽고 모든 요리에 쓴다. 퍽퍽한 뒷다릿살은 강한 양념을 해 볶음 정도를 하거나 다짐육을 만든다. 흑돼지 계통은 뒷다릿살로 수육을 해도 되고 얇게 저며서 구워도 맛있다. 흑돼지 뒷다릿살은 백색 돼지와 가격과 비교해도 비싸지 않다. 맛있는 돼지고기가 있어도 뒷다릿 살로 요리할 생각을 안 한다. 편견 때문이다.

저렴한 뒷다릿살로 할 수 있는 게 수육 말고 육포도 있다. 만드 는 방법도 육우로 육포 만들 때와 별다르지 않다. 키친타올로 피 를 제거한 다음 소금을 골고루 뿌리고 건조하면 된다. 가정용 건 조기를 65°C, 12시간으로 세팅하면 맛있는 육포가 된다. 고기 두 께는 8밀리미터 전후가 좋다. 살코기도 맛있지만 더 맛있는 것은 비계다. 비계는 고기보다 두 시간 정도 더 말려야 한다. 바삭해진 비계를 씹으면 입안 온도에 부드럽게 녹는다. 맥주 안주로 이만한 것이 없다. 육포를 만들 때 맛을 더하기 위해, 그리고 앞서 이야기 한 잡내를 가리기 위해 간장양념이 필요했다. 하지만 고기가 신선 하면 소금만으로 충분하다.

품종도 바뀌고 돼지 키우는 법도 바뀌었다. 예전처럼 인분을 비 료로 사용하지 않기에 돼지고기에서 회충은 사라졌다고 한다. 다 산육종에서 버크셔K 육종을 책임지는 박화춘 박사를 만났을 때 였다. 그가 익히지 않는 하얀 비계 조각을 먹어보라며 내밀었다. 찜찜해하면서 맛본 돼지비계는 입안에서 녹으면서 마치 질 좋은 버터 같은 맛이 났다. 살코기도 마찬가지다. 속까지 푹 익히는 대신 고기 겉이 살짝 갈색빛이 돌 때 소금 찍어 먹으면 확실히 다르다.

국내를 넘어 미국 뉴욕의 맨해탄에 당당히 자리 잡은 '옥동식 돼지국밥'이 있다. 부산 돼지국밥, 순대국밥 등 돼지고기로 끓인 국밥이 여럿 있지만, 옥동식 돼지국밥은 맑은 국물이 특징이다. 품종은 버크셔K, 부위는 앞다릿살과 뒷다릿살을 쓴다. 맑고 맛있는 국밥을 끓이기 위한 옥동식 요리사의 노력과 비법은 두말할 필요도 없겠지만, 품종의 힘을 무시할 수 없다.

남들과 차별화하는 식당을 운영하고 싶다? 그러면 돼지 품종에서 그 답을 찾아보라. 지금까지 돼지고기 구이 전문점은 굽는 형태나 곁들여 내는 음식으로 차별화를 했다. 불(숯불, 가스, 연탄), 굽는 판(무쇠, 돌판, 석쇠)을 앞세우거나 김치, 달걀찜 등을 덧붙였다. 이런 시도를 하더라도 경쟁은 무한이다.

맛있는 돼지고기가 있으면 맛을 끌어내는 소금만 있으면 그만이다. 원가 들여 와사비나 겨자 같은 쓸데없는 것을 낼 필요가 없다. 쓸데없는 원가를 지우고 고기 한 점 더 주는 게 여러모로 낫다. 겨자나 와사비 원가가 고기 원가보다는 싸겠지만 그걸 준비하는 것은 사람인지라 인건비 생각도 해야 한다.

이걸 증명하기 위해 식당을 냈다. 흑돼지 편집숍 개념으로, 목살, 삼겹살 등 부위로 선택하는 대신 품종을 선택할 수 있게 했다. 우리흑돈, 버크셔K, 난축맛돈을 취향에 따라 고를 수 있다. 구이하면 삼겹살이라고 생각하지만, 내가 운영하는 식당에는 삼겹살이 없다. 앞다릿살만 판다. 얇게 저민 앞다릿살을 구우면 맛이 다름을 바로 알 수 있다. 품종이 바뀌면 선호하는 부위도, 어울리는 부위도 바뀔 수 있다.

6장　토종닭은 질기다?

지역을 먹여 살리는 닭

2020년 봄에 프랑스행 항공권을 예매했는데, 코로나19가 전 세계적 이슈가 되기 시작할 때였다. 아무리 봐도 코로나의 기세가 심상치 않아 프랑스행을 포기했다.

코로나가 잠잠해진 후 프랑스를 찾았다. 열흘 일정으로 다양한 음식을 먹어보려 했다. 그중 유일하게 '예약'을 하고 찾은 식당이 브레스 닭을 조리해 내는 식당이었다. 브레스Bresse는 프랑스 동부의 오베르뉴론알프, 부르고뉴, 프랑슈콩테 지역을 아우르는 옛 이름이다. 브레스 닭은 이 지역 토종닭을 가리키는데, 맛과 육질을 뛰어난 것으로 알려져 있다. 내가 간 곳은 리옹에서 한 시간 정도 거리에 있는 보나Vonnas의 비스트로였는데, 작은 시골 마을에 5성급 호텔과 미슐랭 레스토랑이 있다. 그 레스토랑인 조르주 블랑

리옹에서 맛본 브레스 닭 요리. 프랑스인들이 선호하는 닭고기 식감은 내 입맛과 달랐다.

Georges Blanc을 가고 싶었는데, 하필 휴무일이라 대신 조르주 블랑이 운영하는 비스트로로 간 것이었다.

내가 항상 꿈꾸는 모습이 구현된 곳이었다. 최고의 지역 품종 닭이 지역을 먹여 살리는 모습 말이다. 그곳에 앉아 몇 년을 벼르던 브레스 닭 요리를 마주했을 때는 감격스럽기까지 했다. 구운 닭다리에 버섯크림소스를 더한 요리였다. 그동안 먹었던 한국과 일본의 브랜드 토종닭 맛을 떠올리며, 프랑스를 대표하는 토종닭의 맛을 기대했다.

그런데 닭고기를 씹어본 뒤, 기대는 실망으로 바뀌었다. 쫄깃함은 없고 퍽퍽함만 있었다. 소스인 버섯크림 맛만 날 뿐이었다. 어떻게 조리했는지 정확하게는 알 수 없었지만, 추측하자면 찌고 굽고는 소스를 뿌려 낸 듯싶었다. 정성은 가득했지만 닭의 쫄깃함을 선호하는 내 입에는 맞지 않았다. 리옹의 다른 식당에서 먹은 닭 요리도 식감이 비슷했다. 육계를 먹는 듯한 퍽퍽함이 허벅짓살을 먹든 종아릿살(닭다리 중간의 관절 아래 부위의 살)을 먹든 비슷했다.

한 번 먹어보고 이 닭을 평가하는 것은 말이 안 된다. 프랑스 사람이 좋아하는 맛이 나와 맞지 않을 뿐이다. 혹은 그 길에서 만난 브레스 닭이 나와 맞지 않았을 뿐이다. 다만 내가 여기서 말하고 싶은 것은 '닭고기의 식감'이다. 한국인은 유난히 '쫄깃함'을 좋아한다. 퍽퍽한 가슴살보다는 다릿살을 좋아한다. 그런데 고기의 쫄깃한 식감을 '질김'으로 받아들이는 사람이 많다. 쇠고기, 돼지고기 모두 그렇지만, 닭고기는 더하다. 특히 토종닭의 쫄깃함은 질김으로 오해받고 있다.

사위에게 잡아준 씨암탉은 맛있었을까

사위가 오면 씨암탉을 잡아준다고 한다. 과거 우리 조상들은 달걀을 얻기 위해 닭을 키웠다. 씨암탉은 알을 낳는 암탉이다. 얼마나 귀한 손님이면 달걀을 포기하며 씨암탉을 잡아주었을까. 그런데 사위가 먹었던 그 씨암탉, 맛은 있었을까?

달걀에서 부화한 지 6개월이 지난 닭은 알을 낳는다. 처음에 낳는 알은 작다. 알 낳는 양도 적다가 시간이 지나면서 알 크기도, 알 낳는 양도 증가한다. 알 낳는 양은 최대치를 찍고 나면 줄어들기 시작한다. 아무리 귀한 사위, 백년손님이라고 해도 알 잘 낳고 있는 어린 씨암탉을 잡아주지는 못했을 것이다. 안 이쁜 사위는 이제 알을 낳지 못하는, 나이 든 암탉을 잡아줬을 것이다. 두 살짜리 닭이라고 해도, 계속 알을 낳아왔을 테니 고기는 질겼을 것이다.

이 속담을 왜 꺼냈는가 하면, '토종닭은 질기다'라는 명제를 따져보기 위해서다. 토종닭은 질기다. 우리가 토종닭이라고 먹어왔던 닭들이 이렇게 알 오래 낳으며 묵은 닭이라서 그렇다. 이런 닭은 토종닭 아니라도 다 질기다. 그러니까 토종닭 아니라도 나이 든 닭, 그중에서도 평생 알 낳아온 암탉은 질기다. 그래서 그렇게 '영계' 타령을 하는 것이다. 실은 '영계'라는 말은 없는데도 말이다. 원래는 연계軟鷄다. 영young계가 아니다.

어느 정도 나이가 있는 분들은 기억할 텐데, 〈집으로〉라는 영화에서 손자 유승호가 할머니에게 '치킨'을 먹고 싶다고 하자 할머니는 백숙을 해준다. 어린 유승호는 "누가 물에 빠뜨리래." 하면서

프라이드치킨이나 삼계탕으로 먹는 닭은
이런 곳에서 자란다.

운다. 알을 오랫동안 낳은 노계는 물에 넣고 푹 끓이지 않으면 질
겨서 못 먹었다. 물론 닭 한 마리 가지고 온 식구가 먹으려면 푹 끓
여 국물 나눠 먹고 죽까지 끓여 먹는 게 경제적이기도 했다.

우리가 흔히 먹는 닭, 프라이드치킨이나 삼계탕 뚝배기에 들어
있는 닭은 '육계'라 한다. 영어로는 브로일러broiler다. 고기 먹으려
고 키우는 닭이라 빨리 몸집이 크도록 개량한 품종이다. 그래서
빨리 큰다. 갓 부화한 노란 병아리를 열흘 정도 보다가 며칠 안 보
면 삼계탕 뚝배기에 딱 맞는 크기의 중닭이 된다. 보름 정도 더 지
나면 생닭 무게 1kg 내외가 된다. 외형은 성장한 닭과 다름이 없지
만 삶은 겨우 한 달 남짓이니, 살이 연할 수밖에 없다. 그 연한 살
에서는 아무 맛도 안 난다. 그래서 염지와 양념한 튀김옷, 기름 맛
이 필요하다.

우리도 그들처럼 먹을 수 있다면

프랑스로 브레스 닭을 먹으러 가려던 계획이 무산되기 전, 먼저
토종닭으로 유명한 일본 가고시마와 나고야로 닭을 먹으러 간 적
이 있었다. 일본식조협회日本食鳥協会(우리 식으로는 '가금류협회'쯤 되
겠다)에서 인증한 일본 토종닭은 38종이다. 재래닭 유전자가 50%

이상이라는 품종 기준뿐 아니라 사육 기간 80~150일, 사육 환경 1제곱미터당 10마리 이하 같은 엄격한 기준을 지켜야 토종닭 인증을 해준다. 그중에서도 세 손에 꼽히는 토종닭이 나고야의 나고야코친名古屋コ─チン, 아키타의 히나이지도리比内地鶏, 가고시마의 사쓰마도리薩摩鶏다.

이 중 가장 유명한 것이 나고야코친이다. 나고야코친은 생산량도 여타 토종닭보다 많지만, 일본 토종닭 중에서 처음으로 실용계로 인정받은 닭으로, 일본 전역에서 지명도가 높은 닭이다. 재래닭이니 실용계니 하는 말에 대한 설명은 잠시 후에 하겠다.

나고야에 도착한 후, 일본어로 토종닭을 뜻하는 지도리じどり(일

나고야코친 철판구이. 부위별로 다양한 구이를 먹을 수 있어 좋았다.

본어로 토종닭을 의미)라고 쓰인 간판만 보고 무작정 들어가 덮밥과 꼬치구이를 주문했다. 나고야의 명물 중 하나가 '히쓰마부시ひつまぶし'라고 부르는 장어덮밥이다. 양념을 발라 구운 장어를 밥 위에 얹어 먹는 음식이다. 장어덮밥은 일본 전역에서 먹지만, 나고야의 히쓰마부시는 그냥 먹는 것에서 마지막에 쪽파와 와사비를 얹어 육수를 부어 '오차즈케'로 마무리하는 것까지, 네 가지 방식으로 먹는 것으로 유명하다. '지도리' 간판을 보고 무작정 들어간 식당의 덮밥은 장어 대신 간장양념으로 구운 닭고기를 밥에 얹은 것이었다. 먹는 방법은 히쓰마부시와 같았다. 불맛 나는 간장양념이 나고야코친의 풍미를 한층 더 끌어올렸다. 토종닭 특유의 쫄깃쫄깃 씹히는 식감이 더해져 상당히 매력적인 맛이 났다. 다양한 닭꼬치 중에서는 껍질만 주문했다. 살짝 데친 다음 구운 것이 나왔다. 국내에서는 껍질을 숯불에 바로 굽는데, 여기서는 데친 다음 구워서인지 식감이 부들부들했다. 그 식감이 나쁘지 않았지만, 숯불에 바로 구워 겉은 바삭하고 속은 촉촉한 것이 나는 더 좋았다.

나고야중앙역에 있는 백화점 식당가에서는 나고야코친 철판구이를 먹었다. 부위별로 다양한 닭고기를 철판에 구워 먹을 수 있는 곳이었다. 주방 앞 카운터석에 앉았기에 조리 과정을 자세히 볼 수 있었다. 요리사는 철판에 기름을 살짝 두르고는 닭고기를 올리고 나서, 누름틀로 누르면서 굽다가 동그란 모양의 뚜껑을 덮고는 닭에서 나오는 수분으로 살짝 쪘다. 마지막으로 얼추 익은 닭고기를 한입 크기로 자르고는 강한 불로 빠르게 볶아 마무리했다.

닭다리, 안심, 껍질, 날개 부위가 나왔는데, 굽고, 찌고, 다시 구운 닭의 식감은 탄력이 넘쳤다. 이와 이 사이에서 통통 튀는 기분 좋은 탄력감이 느껴졌다. 씹을수록 고기가 품고 있던 감칠맛이 뿜어져 나왔다. 몇 점 나온 껍질은 처음과 나중의 맛이 달랐다. 닭날개는 콜라겐 함량이 높은데, 열에 풀어진 콜라겐은 식으면 다시 수축한다. 따뜻할 때 먹는 껍질은 호쾌하게 씹혔지만, 조금 식으니 질겅거렸다. 철판구이의 구성이 '1인 1닭'이 아니라 부위별로 '1인분'을 즐길 수 있다는 것이 부러웠다.

프랑스와 일본까지 찾아가서 그네들 토종닭을 먹은 까닭은, 우리 토종닭을 '다르게' 먹어볼 궁리를 하기 위해서였다. 앞서도 말했지만, 토종닭은 질기다. 사실은 토종닭이라서 질긴 게 아니라 오래 키워서 질기다. 어느 닭이든 1년 넘게 키우면 질겨진다. 예전에 키우던 닭은 토종이든 아니든 오래 키웠다. 오래 키운 닭은 가마솥에 넣고 몇 시간 푹 고아야 겨우 고기를 뜯을 수 있다. 고기를 먹기 위해서가 아니라 알을 얻기 위해 키워서 그렇다. 어느 닭이든 1년 넘게 키우면 질기다는 말은, 토종닭도 1년 미만으로 키우면 질기지 않다는 말로 바꿀 수 있다.

그런데 토종닭은 무엇일까? 이쯤에서 토종닭, 재래닭, 실용계 같은 용어 정리를 하고 넘어가자. 보통 토종닭이라고 부르는 닭도 사실 의미가 두 가지로 나뉜다. 하나는 다른 품종과 섞이지 않고 순수 혈통을 유지한, 예로부터 한반도에서 사육되었던 '재래종'이다. 다른 하나는 외국에서 품종이 개발되었지만 국내에 순계가 도입되어 7세대 이상 그 특징을 유지하며 우리나라 기후와 풍토에 완전히 적응한 '토착종'이다. 이 순계를 목적에 따라 종계를 만들고, 종계를 번식시켜 일반 농장에 출하한 것이 '실용계'다. 우리가 마트나 시장에서 구입하거나 음식점에서 먹는 토종닭이 거의 실용계에 해당한다.

실용계는 말 그대로 '실용實用적인 닭, 혹은 실용되는 닭'으로, 재래닭의 단점을 보완해 상업적으로 생산·유통·소비될 수 있도록 육종한 품종이다. 그러니까 재래닭보다 빨리 자라고 알도 잘 낳는다. 먹을 만큼 자라는 데 재래닭이 6개월 걸린다면 실용계는 2개월이면 된다. 재래닭보다 빨리 자라는 탓에 쫄깃한 육질은 다소 떨어지지만, 육계보다는 훨씬 낫다. 우리맛닭, 한협3호가 대표적인 실용계 토종닭이다. 청리닭과 제주 재래닭은 재래종 토종닭이다. 이 중 청리닭은 일반 유통되지는 않고, 농장에서 직거래로 판매하고 있다.

재래닭이 그나마 남아 있었던 것은 사명감으로 재래닭을 키워

청리닭은 한반도 재래종 닭의 유전적 특질을 복원한 품종이다.

온 사람들이 있었기 때문이다. 1992년 재래닭 품종 연구를 통해 우리 토종닭 5품종 12종을 복원할 수 있었다. 그러나 2014년 고병원성 조류인플루엔자로 위기를 맞아 당시 국립축산과학원 가금과에서 보유 중이던 복원 품종은 모두 살처분되었다. 다행히 남원의 가축유전자원센터가 보유하고 있던 종들로 복구한 것이 지금에 이르고 있다.

현재 농촌진흥청은 13계통의 재래닭(적갈색, 황갈색, 흑색, 백색, 회갈색 등)부터 토착종인 코니쉬, 로드아일랜드레드, 화이트레그혼 등 다양한 품종의 순계를 보유하고 있다. 경기도 파주의 현인농원, 경상북도 영양의 닭실재래닭연구소 등에서도 재래닭을 유전자원으로서 꾸준히 관리하고 있다.

골라 먹을 수 있다, 토종닭

실용계 토종닭인 한협3호를 2003년에 처음 알게 돼 파주 적성에 있는 가나안농장을 찾아갔다. 토종닭이니 실용계니 하는 말을 생산자가 아무리 설명해줘도 못 알아들을 때였다. 말을 못 알아듣는 대신 식품 MD로서 내 철학을 앞세웠다. 백문불여일식. 맛있었다. 맛이라는 게 여러 요소의 결합이지만, 식감이 특히 좋았다.

가슴살이 육계 다릿살보다 쫄깃했다. 그 당시 육계보다 맛있다고 (현재도 마찬가지지만) 알려진 '백세미' 품종의 닭보다 훨씬 육질이 뛰어났다. 구수한 국물 맛이 그동안 먹었던 백숙 국물과는 차원이 달랐다. 가격은 좀 비쌌지만 주저 없이 유통하기로 결정했다.

매장에 한협3호를 내놓았지만 초기 얼마 동안은 가격 저항에 부딪혔다. 백세미나 육계를 파는 경쟁점보다 닭 값이 두 배 정도 비쌌기 때문이다. 그래도 맛이 다르다는 걸 안 고객들의 입소문이 가격 저항을 무너뜨렸다. 일부 고객이 한협3호를 사 가면서도 육계보다 비싸다는 지청구를 하는 바람에 점주도 나도 스트레스를 받긴 했지만, 매장에서 잘 팔렸다. 맛이 좋으면 지갑은 결국 열린다는 경험을 제대로 했다.

한협3호를 맛본 지 1년 정도 지나 청리닭을 만났다. 인생 닭이었다. 가장 맛있는 닭이기도 했지만, 그보다는 식품 MD로서 새로운 눈을 뜨게 해준 닭이었다. 닭도 품종에 따라 맛이 다름을 알게 해줬다. 진짜 토종닭이라는 생산자의 말에 반신반의했다. 가격은 한협3호의 2.5배. 한협3호를 팔 때 들었던 지청구가 떠올랐다. 아무리 맛있어도 힘들 듯싶었다. 생산자는 닭 한 마리를 건네며 끓여서 먹어보고 전화하라고 말하고는 미련 없이 가버렸다.

맛이 궁금해 그날 저녁에 마늘 두어 쪽 넣고 백숙을 했다. 국물과 살코기 맛을 보고 나서, 늦은 저녁이었지만 생산자에게 전화했다. "닭 몇 마리 가지고 계세요?" 1,000마리를 매입했다. 1kg 닭 한 마리 3,000원 정도 할 때였다. 청리닭은 1만 9,000원이었다. 아무리 맛있다고 해도 그 가격에는 못 판다고 난리가 났다. 물량도 적거니와 1,000마리가 끝인지라 본사 마진을 4%밖에 안 붙여도 원가가 워낙 높아 만만치 않은 가격을 책정할 수밖에 없었다. 장사를 잘하는 점포를 대상으로 일대일 설득 작업을 했다. 처음 발주는 그 점포 중심으로 몇 마리가 왔다. 한 달이 지나도 두 달이 지나도 일주일에 한두 마리 발주가 다였다. 석 달째에 접어드니 발주가 늘었다. 1,000마리를 석 달 동안 팔았지만 거의 마지막 일주일에 팔았다. 한협3호보다 매장에서 자리를 잡는 데 시간이 걸렸지만, 역시 맛이 가격을 이겼다.

토종닭이라고 백숙으로만 먹어야 할까

토종닭은 질기다고 한다. 하지만 직접 닭을 키워 폐계가 되었을 때 먹을 게 아니라면, '구입'해서 먹는 닭이라면, 질기지 않다. 질겨질 만큼 오래 키워 팔지 않기 때문이다. 질긴 게 아니라 쫄깃하다. 우리맛닭이나 한협3호, 청리닭, 제주 재래닭을 먹어본 사람은 모두 "국물이 맛있다."고 말한다. 그 품종 닭을 파는 사람들도 '국물

맛'을 강조한다. 확실히 맛있다. 인삼이니 황기니 넣지 않고 마늘 두어 쪽만 넣고 끓여도 잡내가 없다. 먹기 전에 파 다진 것만 조금 얹으면 구수한 맛이 일품이다. 하지만 토종닭이라고 해서 백숙으로만 먹을 필요는 없다.

국내에서 토종닭 소비는 관광지나 유원지에서 볼 수 있는 '가든'에서 주로 이뤄졌다. 거의 백숙이나 닭볶음탕으로 먹었다. 각종 약재를 넣고 푹 끓인 백숙은 보약 같은 대접을 받았다. 토종닭을 먹는 것은 몸보신을 위해서였다. 보신을 우선시하다 보니 조리법은 삶기에서 더 나아가지 못했다. 일본에서 먹은 토종닭 요리는 굽고, 찌고, 튀기고, 삶는 모든 조리법이 동원됐다. 아니, 우리처럼 삶는 방식이 오히려 드물었다. 철판구이, 가라아게(튀김), 꼬치구이, 우동, 치킨가스, 라멘 등 자신들이 일상에서 즐기는 음식에 나고야코친 등 토종닭을 사용했다. 한국에서는 백숙, 닭볶음탕에 토종닭을 사용하지만, 두 음식을 매일 먹지는 않는다. 토종닭을 대하는 두 나라의 차이는 일상에서 편하게 먹을 수 있는가, 아닌가다.

한국에서는 토종닭을 다양하게 조리할 수 있음에도 여전히 푹 삶는다. 지금 토종닭은 길어야 6개월 키운다. 우리맛닭이나 한협 3호는 두 달이면 잡는다. 고기가 질겨질 새가 없다. 거기에, 오래 키운 닭에서만 볼 수 있는 맛이 더해진다. 몇 해 전 규슈의 구마모토에서 신기한 닭 맛을 봤다. 6개월 정도 사육하면 무게가 8~9kg

까지 성장하는 토종닭 품종인 아마쿠사다이오天草大王였다. 별다른 양념 없이 소금만 뿌리고 숯불에 구웠지만, 숙성 잘한 쇠고기를 먹을 때처럼 육즙이 가득 느껴졌다. 같이 주문한 다른 토종닭 맛이 심심할 정도로 맛이 뛰어났다. 150일 전후 키우는 나고야코친으로 닭튀김을 만든다면 60일 키우는 한협3호나 우리맛닭으로 못 할 리가 없다. 180일 키우는 구마모토 아마쿠사다이오로 숯불구이를 한다면 제주 재래닭으로 못 할 이유가 없다.

한협3호, 청리닭, 제주 재래닭으로 오븐구이를 자주 해 먹었다. 치킨 좋아하는 딸아이를 위해서였지만, 과연 토종닭을 구워 먹으면 어떤 맛이 날지가 궁금했다. 소금물을 만들어 네 시간 정도 닭을 담갔다. 염도계가 없기에 정확한 농도는 알 수 없어, 조금 짜다 싶을 정도로 맞췄다. 염지한 닭을 컨벡션 오븐에 넣고, 190℃ 온도로 45분간 구웠다. 30분 정도 지나 껍질에 버터를 발라 향을 더했다.

구운 토종닭은 꽤 맛있었다. 전기구이 통닭이나 장작불구이 통닭은 소금이 없으면, 청량음료가 없으면, 절임무가 없으면 먹기 힘들다. 연한 살에서 수분마저 빠지니 퍽퍽함만 남기 때문이다. 토종닭 오븐구이는 달랐다. 수분을 머금은 살은 촉촉했고, 씹는 맛이 있었다. 씹는 맛이란 아랫니와 윗니가 부딪치기 전의 저항감뿐 아니라 고기가 씹히면서 느껴지는 구수함과 감칠맛까지 포함한 것이다. 백숙을 먹을 땐 닭껍질 골라 나한테 넘기던 딸아이가 바삭한 껍질을 맛있어했다.

오븐구이를 자주 해 먹었기에 토종닭이 구워 먹어도 맛있을 만큼 질기지 않다는 것을 알았지만, 이것만으로는 부족했다. '튀김'이라는 조리를 거친 토종닭의 맛이 궁금했다. 평소 친분이 있던 서교동의 중화요리 전문점 '진진'의 왕육성 사부에게, 몇 가지 닭을 가져올 테니 튀김 요리를 해달라고 부탁했다. 제주 재래닭, 한협3호, 우리맛닭 세 가지로 테스트해봤다. 중식 대표 닭 요리인 라조기를 맛봤다. 라조기는 조각 낸 닭에 밀가루 반죽으로 옷을 입혀 한 번 튀기고 소스를 넣고 볶아 완성한다. 소스에 볶기 전 한 번 튀긴 닭의 맛을 먼저 봤다. 프라이드치킨으로도 충분할 듯싶었다. 소스를 더해 볶은 라조기는 맛있었다.

세 가지 닭으로 테스트를 몇 번 하다가 진진의 시그니처 메뉴가 된 '사오기'가 탄생했다. 사오기는 튀긴 닭다릿살을 쪄서 완성하는 냉요리다. 진진은 제주 재래닭으로 사오기를 내는데, 튀기고 찌는 과정을 거쳐도 유일하게 끝까지 씹는 맛을 유지한 게 제주 재래닭이었다. 가격은 비싸지만 왕육성 사부는 과감하게 제주 재래닭을 선택했다. '요리의 7할은 재료다.'라는 철학으로 말이다.

'한 마리'에서 벗어나보자

경남 하동, 전남 구례와 순천에서는 토종닭 구이를 맛볼 수 있다. 특히 구례와 순천에서 먹었던 토종닭 구이는 내가 먹어본 닭 요리 중에서 가장 맛있었다. 식품 MD 하는 30년 동안 1년에 두 차례 이상 구례와 순천을 오갔지만, 닭구이는 2019년에 처음 먹었다.

닭 한 마리 주문하면 날개 빼고는 뼈를 발라 나온다. 숯불에 다릿살부터 구웠다. 불 향까지 더해진 닭고기의 맛은 두말할 필요가 없었다. 뼈가 있어 천천히 익은 날개는 닭구이의 정수였다. 날개 끄트머리를 잡고 껍질과 살을 뜯어 먹는 맛은 최고였다. 고기와 소금 그리고 불, 이 세 가지 단순한 조합이 최상의 맛을 만들었다. 방법은 원시적이었지만, 맛은 시대를 초월했다.

두 가지가 아쉬웠다. 어떤 닭이냐고 물으니 '토종닭'이라고만 했다. 품종을 명확히 하고 마케팅에서 활용하면 더 좋을 것이다. 거기에 '지역'이 붙으면 금상첨화일 것이다. 그냥 우리맛닭, 그냥 한협3호 말고, 나고야코친이나 브레스 닭처럼 '구례'를 앞세운, '순천'을 앞세운 고유 품종이 있으면 그야말로 닭이 지역을 살릴 수도 있지 않을까? 또 하나 아쉬운 점은 '한 마리' 단위로만 먹을 수 있다는 것이다. 일본처럼, 혹은 우리가 쇠고기나 돼지고기 먹듯이,

지역에 맞는 닭 품종을 내세운다면, 거기에 부위별로 골라 먹을 수 있다면…

부위별로 골라 먹을 수 있으면 얼마나 좋을까.

제주 조천읍 교래리에 가면 토종닭 특구가 있다. 말이 특구지, 식당 몇 곳이 모여 있을 뿐이다. 식당의 이름은 달라도 내는 닭 품종이나 조리 방식은 같다. 닭고기를 얇게 저민 것을 샤부샤부로 먹고, 나머지는 백숙, 죽으로 마무리한다. 오는 사람들이 항상 차고 넘치니 변할 필요가 없다. 먹는 사람들도 다른 맛이 궁금하지 않으니 따로 찾지 않는다. 이곳의 식당들도 한 마리 단위로 주문해야 한다. 토종닭 내는 곳이 모두 그렇다.

가정에서 닭고기를 먹을 때에도 부위별로 따로 구입하면 다양한 요리가 가능해진다. 식당에서는 부위별로 서로 다른 방식으로 한 접시를 만들 수 있다. 또는 특정 부위로 조리한 음식으로 특화할 수 있다. 제주 재래닭 요리를 코스로만 먹을 필요가 있을까? 어느 식당에서는 구이를 내고, 어느 식당에서는 닭개장을 특화하면, 제주를 찾는 관광객도 흥미로워하지 않을까?

유정란, 토종란

2002년 5월 즈음 경기도 가평의 유정란 농장을 방문했다. 들판의 색이 초록에서 진초록으로 바뀌는 시기였다. 농장에 도착하기 전에 심호흡부터 했다. 다른 일로 산지에 가다가 닭을 몇 만 수에서 몇 십만 수 키우는 대형 농장을 지나갔던 경험 때문이었다. 악취에 시달렸다. 유정란 농장에서는 냄새 안 난다는 말을 듣기는 했지만 악취에 댄 경험이 있었기에 걱정이 앞섰다. 농장에 도착해 차 문을 여니 기우였다. 닭장에 들어가도 냄새가 나지 않았다. 희미한 청국장 같은 냄새는 있어도 코를 찌르는 악취는 아니었다. 당시는 잘 알려지지 않은 '야마기식 계사'였다. 사방이 트여 바람이 잘 들고, 햇빛이 언제나 비추는 사육장이었다. 사방이 막힌 커다란 계사에 햇빛은 겨우 환풍구 사이로 잠깐 비출 뿐인 보통의 양

계장과 대조되었다.

내가 유정란을 판매도 하고 즐겨 먹는 이유는 분명하다. 맛이 다르다. 이 다름을 설명할 수치는 없지만, 맛은 분명 다르다. 유기농 달걀도 마찬가지다. 이 다른 맛과 향을 설명할 수 있는 연구 자료가 없기에 항상 경험에 의한 설명밖에 할 수 없다. "뭐가 달라 그렇게 비싼데?"에 대한 설명으로 농약을 안 쳐서, 환경을 살리니까 같은 관념적 설명이 다인 것이 아쉽다.

방사 유정란은 케이지 없이 평평한 땅에 횟대와 알 낳고 품을 수 있는 어두운 공간을 두고 키운 닭이 낳는다. 단위 면적당 사육 두수가 공장식 계사와 비교 불가다. 게다가 알을 낳지 않는 수탉이 사료는 암탉보다 많이 먹는다. 계사마다 알을 낳지 않는 수탉이 몇 마리 있으니 사료 효율도 떨어진다. 방사한 닭의 유정란이 대량생산 유정란보다 비싼 이유다. 다른 요인들도 있지만 두 가지가 가장 크다.

생산성이 떨어지기에 변칙이 등장했다. 공장식 유정란의 등장이다. 슈퍼마켓에 가면 대기업 상표를 단 유정란이 있다. 상품 포장지에 암수 닭이 노니는 그림이 있어도 '방사'라는 단어는 없다. 풀을 먹여 키웠다는 말도 없다. 그런 달걀은 대부분 공장식 케이지에서 생산한다. 케이지의 면적은 0.075제곱미터, A4 용지 한 장 정도다. 암수가 노닐며 알을 낳을 수 있는 공간이 없음에도 유정란이 나온다. 이 마법의 정체는 암탉이 가득 찬 케이지를 관리인이 지나면서 주사기에 든 수탉의 정자를 놓는 것이다. 다음 날 아침에 나오는 달걀이 대량생산해 저렴한 공장식 유정란이다. 방사 유정란보다 가격이 저렴하지만 이것도 유정란이라고 보통 달걀보다는 비싸다.

토종란은 방사 유정란이나 동물복지 유정란보다 비싸다. 특별한 품종이라서 비싼 것은 아니다. 알을 전문으로 낳게끔 개량한 닭보다 알 낳는 수가 적다. 보통의 산란계(알을 얻기 위해 개량한 닭)라면 1년에 290개 전후의 알을 낳는다. 토종란은 절반 정도인 150개, 생산성을 개량한 실용계 토종닭은 그보다 많은 200개 정도를 낳는다. 알을 낳는 것도 적지만 가장 큰 것은 취소성就巢性이다. 취소성은 알을 품어 부화하려는 본능이다. 취소성이 있는 닭은 사람이 알을 거둬가도 알을 품듯이 가만히 웅크리고는 먹이나 산란 활동을 며칠간 하지 않는다. 방사 유정란 농장에서는 취소성 이야기를 들은 적이 없지만 토종란을 생산하는 농장에서는 취소성 이야기를 자주 듣는다. 수입 산란계는 산란율을 높이는 방향으로 육종되면서 취소성이 완전히 사라졌다.

2004년부터 지금까지 청리닭의 달걀을 먹고 있다. 세 식구가 한 달 평균 60개를 먹는다. 백화점 판매 가격으로는 '10,000원(10구)×6=60,000원'이다. 산란계가 낳는 일반 달걀 60구면 1만 원 정도인데, 그것보다 여섯 배 비싸다. 게다가 달걀 크기도 작아 중량까지 고려하면 더 비싸진다. 식재료에서 다른 부분을 줄여 토종란을 계속 먹는다. 삶거나 프라이했을 때의 맛이 다르기 때문이다. 커피 한 잔 덜 마시지 하는 생각으로 선택한다.

삶은 토종란의 노른자를 먹으면 무엇이 다른지를 확실히 알 수 있다. 예전에 소풍을 가거나 운동회를 할 때는 삶은 달걀이 필수였다. 그러나 그 달걀은 사이다와 함께 먹지 않으면 삼키기가 힘들었다. 달걀노른자가 퍽퍽해 사이다 없이는 목이 메어 못 먹었다. 삶은 토종란의 노른자는 부드럽게 입속에서 풀린다. 노른자는 부드럽고 흰자는 탱탱하다. 물론 달걀프라이를 해도 좋고 새우젓 넣고 달걀찜을 해도 좋다.

오랫동안 토종란을 먹다 보니 나만의 요령도 생겼다. 22법칙이라고 혼자 부른다. 방법은 이렇다. 물이 팔팔 끓기 시작할 때 달걀을 넣고 2분 동안 삶는다. 불을 끈 다음 2분 동안 뜸을 들인다. 이러면 노른자의 중심 부분만 살짝 크림 상태고 흰자는 젤리처럼 탱탱하다. 밥만 뜸을 들이는 것이 아니다. 국수나 라면도 포장지에 명시된 시간보다 1분 정도 덜 삶고 뜸을 들이면 면이 훨씬 더 쫀득하다.

반숙한 달걀을 갓 지은 밥 위에 올려 먹는 달걀밥은 토종란 먹는 방법의 정수다. 노른자가 살아 있게 반숙한 달걀프라이나 살짝만 삶은 달걀을 밥에 올린 다음 간장을 뿌리면 맛있는 한 끼가 된다. 참기름은 뿌려도 그만, 없어서 안 뿌리면 더 좋다. 토종란 노른자가 고소하기 때문에 강한 참기름 향은 오히려 방해가 된다.

집에서 우리 세 가족의 밥을 하면서 가장 신경 쓰는 것은 몇 가지 반찬을 식탁에 올리냐보다는 메인 반찬이 무엇인가다. 우리가 밥 먹을 때 반찬 수 많다고 밥을 두 공기 먹지는 않는다. 반찬 수 많다고 그 모든 반찬을 골고루 먹지도 않는다. 입에 맞는 반찬에 젓가락질을 많이 할 뿐이다. 주요리나 메인 반찬에 식재료비를 집중하면 반찬 가짓수가 적어도 식사가 풍성해진다. 내가 식사를 준비하는 원칙이 바로 반찬 가짓수를 줄여 아낀 비용을 아낌없이 주요리에 쓴다는 것이다. 맛있는 주요리에 김치가 더해지면 왕의 밥상이 부럽지 않다.

7장 해산물의 제철, 제대로 알고 먹자

육지의 계절, 바다의 계절

계절이 바뀌는 기미가 보이면 방송에서 먼저 산지를 찾아가 ○○
의 제철이 왔다고 호들갑을 떤다. 그 ○○가 해산물, 특히 생선이라
면, 제철을 따질 때 주로 언급되는 근거는 정약전의《자산어보》나
서유구의《임원경제지》중 〈전어지〉다.

제철 생선 하면 제일 먼저 떠오르는 전어. 가을 생선의 대명사
처럼 된 전어의 제철은 가을이 맞을까? 전어의 제철을 가을로 꼽
는 근거는 서유구의《임원경제지》아니면 그 전에 쓴《난호어목지
蘭湖漁牧志》다. 서유구 선생이 뭐라고 쓰셨는지 한번 찾아보았다. 결
론은 '속았다'였다. 서유구 선생이 속인 게 아니라 서유구 선생을
들먹인 사람들이 속였다.

서유구 선생도 전어가 맛있다고 했다. "그 맛이 좋아 사는 사람

이 돈을 생각하지 않기 때문에 전어錢魚라고 한다."고 했다. 그런데 이야기한 철이 다르다. 선생은 "입하 전후에 전어가 내유할 때 그물을 쳐서 잡는다."고 했다. 전어의 제철이 입하, 즉 초여름이라고 한 것이다. 우리가 '가을 전어'라고 알고 있는 것이 오해일까, 아니면 서유구 선생이 잘못된 제철을 기록한 걸까?

여기서 유의해서 봐야 할 것이 "전어가 내유할 때 그물을 쳐서 잡는다."라는 내용이다. 즉 서유구 선생은 전어가 가장 맛있을 때를 언급한 것이 아니라 전어를 잡는 시기를 언급한 것이다. 서유구 선생의 시대에는 초여름이 전어의 제철이었을지도 모른다. 그러던 것이 지금은 왜 가을 전어가 되었을까? 그때는 없던 것이 지금은 있기 때문이다. 배를 만드는 고도의 기술, 엔진, 나일론 그물 같은 것 말이다.

18세기 후반에서 19세기 초반의 조업 환경을 생각해보자. 당시 기술로 만들 수 있는 배와 그물의 크기 등을 고려할 때 먼바다로 나가 물고기를 잡을 수는 없었다. 그러니 산란할 때가 되어 뭍 가까이 물고기가 몰려들 때 그물을 쳐서 잡았다. 그물의 크기도 길어야 100미터, 지금의 수 킬로미터 길이의 그물과 비교불가다. 전어 역시 산란하러 뭍 가까이 몰려드는 여름 초입이 당시 어민 입장에서는 제철이었던 것이다.

지금은 큰 배에 큰 그물을 싣고 먼바다로 나가 전어를 잡는다.

초여름에 뭍에 붙은 알이 부화해 성장한 후 먼바다로 나가기 위해 몸에 기름을 올리기 시작하는 가을에 전어를 잡는 것이다. 다만 이런 사정을 무시한 채, 마치 벽에 《동의보감》의 한 구절을 붙여놓고 자기네가 취급하는 식재료가 만병통치약인 것처럼 선전하는 식당처럼, 과거 자료를 입맛대로 편집해 인용하는 건 옳지 않다. 기술이 발전하면서 제철 또한 이렇게 바뀐다.

전어의 경우는 마케팅을 위해 과거의 문헌을 언급한 것이지만, 지금 회자되는 상당수 수산물, 특히 생선의 제철은 잘못 알려져 있어 문제다. 과거에는 서유구 선생이 전어에 관해 서술한 것처럼 물고기가 육지로 붙는 산란철이 수확 철이었고 제철이었다. 하지만 이것이 그 생선의 맛을 고려한 제철은 아니다. 이처럼 과거의 수확 철을 생선 맛이 좋아지는 철과 혼동한다는 것이 첫 번째 문제. 두 번째 문제는 육지와 바다의 계절이 따로 간다는 사실을 고려하지 않는다는 것이다.

바다의 계절은 육지의 계절보다 늦다. 6월 중순 기온이 섭씨 30도가 오르락내리락할 때 휴일을 맞아 바닷가에 놀러 갔던 적이 있으신지? 뜨거운 모래사장에 서 있다 바닷물로 뛰어들었다가 소스라치게 놀라 담갔던 발을 빼게 된다. 날이 그렇게 더운데도 물은 한없이 차갑다. 왜 이런 일이 벌어질까?

물체의 상태에 따라 온도 변화 속도가 다르다는 과학적 지식을 우리는 이미 알고 있다. 고체와 액체는 열전도율이 다르다. 고체의 열전도율이 높고 액체의 열전도율이 낮다. 즉 땅은 빨리 더워졌다 빨리 식는다. 바다는 천천히 더워졌다 천천히 식는다. 이런 차이가 바다와 육지의 계절 차이를 만든다. 강원도에서 조개 작업을 하는 이의 말에 의하면, 조개 폐사가 가장 많은 시기는 강원도의 모든 해수욕장이 폐장한 9월이라고 한다. 육지는 벌써 가을이지만, 바다는 이제 한여름에 들어가 9월의 수온이 1년 중 가장 높다는 것이다.

이런 자연을 무시하고 육지의 시간에 맞춰 제철을 얘기하니 소비자는 맛없는 수산물을 먹게 된다. 대표적인 것이 겨울 생선의 대명사 방어다. 사람들이 방어를 많이 찾는 12월은 방어 맛이 들기 시작하는 시기다. 시작점이지만 가격은 최고로 오른다. 찾는 이가 많기에 가격이 하늘 높은 줄 모르고 솟는 것이다. 맛이 최고점으로 오르는 1월부터는 가격이 내려가고, 2월이 되면 12월 대비 반값으로 떨어진다. 매년 이런 현상이 반복된다. 맛이 덜 든 방어를 최고로 비싸게 먹고, 맛이 든 방어는 별로 찾지 않는다.

생선의 제철을 따질 때 늘 '산란기'라는 말이 나온다. 생선은 산란을 앞두고 열심히 살을 찌우고, 그렇게 기름이 오른 생선을 맛있다고 하기 때문이다. 방어는 봄에 산란한다. 2월부터 시작한다고 알려졌다. 우리 바다에서 좀 떨어진 동중국해에서 시작해 위쪽으로 올라올수록 늦어진다고 한다. 방어를 많이 잡는 제주쯤에서 방어의 산란기는 3~4월이다. 생선은 알집이 커지기 전까지는 왕성한 먹이 활동을 해서 살을 찌운다. 모든 에너지를 산란에 집중하기 위해서다. 그러니 제주에서 잡는 방어는 산란기인 3월 직전인 2월에 가장 살이 오르고 기름이 잘 붙어 있다. 그런데 방어 값은 왜 12월에 가장 비쌀까? 사람에게는 그때가 겨울이기 때문이다. 겨울이 왔으니 생선에 기름이 올랐다며 방어를 찾는다. 아직 바다에는 겨울이 찾아오지도 않았는데 말이다.

여름 생선이라고 생각하는 민어도 마찬가지다. 초복이 가장 비싸고 말복까지 그 언저리 가격이 유지된다. 말복과 여름휴가가 끝나고 나면 반값이 된다. 우리는 민어의 제철이 여름이라고 알고 있지만 실상은 봄이다. 음력으로 3월과 4월, 양력으로는 4월과 5월이다. 민어를 많이 찾는 6~7월은 민어의 산란기이거나 산란이 끝난 시기다. 민어가 가장 맛없을 때 가장 비싼 돈을 주고 사 먹는다. 4월의 민어구이를 먹어본 분은 아마 없을 텐데, 거짓말 조금 보태 7월 초복의 민어보다 열 배 정도 맛있다. 촉촉한 살맛 끝에 살포시 따라오는 지방의 고소함이 있다. 여름철 횟집에서 생색내듯이 한 점 내주는 민어전이 비벼볼 수 없는 맛이다.

그런데 민어는 왜 여름이 제철인 복달임 음식으로 알려지게 되었을까? 민어가 조선시대 양반의 복달임 음식이라는 것이 마케팅

여름은 민어가 많이 잡히는 계절이지 맛있는 계절은 아니다.

포인트이기도 한데, 사실 민어는 서해 위아래에서 모두 흔히 잡히는 생선이었다. 양반만 먹는 귀한 음식은 아니었다는 얘기다. 산란하러 육지 가까이 붙었을 여름에 주로 잡았다. 알배기였을 터이니 알집으로는 어란을 담갔고, 알집 뺀 마른 몸으로는 주로 탕을 끓여 먹었다. 혹은 쪄서도 먹고, 포로도 먹었다. 지금처럼 회로 먹지는 않았다. 그러다 현대 들어 민어가 귀해졌다. 남획 때문이다. 그러자 '양반 복달임'이라는 이미지를 붙여 비싼 가격을 합리화한 것이 아닐까.

생선의 제철을, 산란 전 살을 찌울 때가 아니라 산란기로 잘못 알게 된 이유가 있다. 대부분의 물고기는 회유回游한다. 강을 거슬러 오르는 연어만큼은 아니라도, 먼바다에 있다가 산란기가 되면 육지 근처로 온다. 육지 근처 돌 틈이나 수초 사이에 알을 낳는다. 이 말인즉, 멀리 나가지 않고 작은 배로도 가까운 바다에서 많은 물고기를 잡을 수 있는 때가 바로 산란기라는 말이다. 그러니, 우리에게 알려진 생선의 제철은 실제 맛이 아니라 어획량을 두고 생긴 개념이다. 많이 잡혀 시장에 많이 나올 때가 제철이 된 것이다.

산란기를 제철이다 하다 보니 알배기 생선이 제철 별미로 매스컴을 타는 경우도 생긴다. 대표적인 것이 도루묵과 곰치다. 알을 낳기 위해 낮은 수심으로 온 도루묵과 곰치가 겨울에 엄청나게 잡힌다. 알배기 생선은 맛이 없다. 영양분이 얼마 남지 않은 살은 퍽퍽하고 영양분은 죄다 알에 가 있다. 맛은 없지만 많이 잡히니 어떻게든 먹어야 한다. 알배기만 주로 먹다 보니 알이 별미로 취급되었다.

잘못된 제철의 결과

이렇게 잘못 알려진 '제철'이 남획과 어획량 감소, 결국 어족자원 고갈로까지 이어진다. 한국인이 좋아하는 명태, 조기, 홍어 등 이미 예전 그 바다에서 잡기 어려워진 물고기가 많다. 많이 팔리니 많이 잡고, 비싸게 팔리니 어린 것까지 잡고, 알배기가 별미라고 하니 알밴 것까지 잡은 탓이다. 민어 역시 1980년에는 240톤 잡히다가 2012년에는 2톤으로 어획량이 줄어들었다. 1920년대에는 연간 2만 톤 잡히던 생선이었다.

문제는 요즘 들어 수산물 남획의 주범이 바뀌고 있는 것이다. 아니, 바뀌었다기보다는 추가되었다는 게 맞을 것이다. 바로 취미로 낚시를 하는 이들이다. 최근 어획량 감소 문제가 불거지는 주꾸미가 취미 낚시꾼들 때문에 멸종 위기에 놓인 대표적인 어종이다.

주꾸미는 봄에서 여름 사이에 태어나 가을까지 성장한다. 겨울이 오면 수심 깊은 곳으로 이동하고, 이듬해 봄이 오면 다시 얕은 수심으로 와 3~5월에 산란을 한 후 죽는다. 1년을 사는 게 주꾸미다. 이런 주꾸미의 제철은 언제일까? 우리는 흔히 봄으로 알고 있다. '봄 주꾸미 가을 낙지'라는 속담을 들어서다. 이걸 속담으로 알고 있지만, 사실 이 이야기가 회자된 지는 그리 오래되지 않았다. 1994년 한 신문 기사에서 처음 등장한다(《동아일보》, 1994년 10월 12일). 가을 낙지를 소개하는 기사에서 속담처럼 만든 카피다. 이듬해 봄 기사에서 또 등장하는데, 이번에는 주꾸미를 소개하는 내용이다.

다른 바다동물과 마찬가지로, 주꾸미는 산란을 앞두고 먹이 활동을 거의 하지 않는다. 저장한 에너지로 알을 낳는 것에만 힘을 쓴다. 반면 겨울을 앞둔 주꾸미는 먹이 활동을 활발하게 한다. 겨울나기와 산란을 위한 준비다. 먹이 활동을 활발히 할 때와 그러지 않을 때의 주꾸미 맛 차이는 굳이 설명할 필요가 없다. 봄 주꾸미는 맛이 있을 리가 없지만 봄의 미식 재료로 꼽힌다. 그 이유는 알 때문이다. 흔히 '밥알'이라고 부르는 주꾸미 알을 별미라고 먹는 것이다.

주꾸미 제철이 봄으로 알려진 이유가 또 하나 있다. 봄철에 주꾸미들은 산란을 하기 위해 조개껍데기나 소라 껍데기 속으로 숨는다. 어부들은 주꾸미의 이런 습성을 이용하기 위해 '소라방'이라는, 소라 껍데기 엮은 것을 바다에 던져놓고 거기에 숨어 들어온 주꾸미를 '주워' 올린다. 낚시로 주꾸미를 잡는 노고에 비하면 너무 쉽다. 어획량이 증가하는 것이다. 알을 밴 주꾸미가 별미라고 하니, 이렇게 잡은 주꾸미 값은 금값이다.

아이러니하게도, 이 때문에 주꾸미의 어획량이 급감했다. 국립수산과학원에 따르면, 주꾸미 어획량은 1998년 7,999톤을 기록하다가 2014년 2,486톤, 2023년에는 2,203톤으로 줄었다(《연합뉴스》 2024년 9월 15일).

물론 주꾸미 또한 어족자원의 보호를 위해 금어기를 정해놓았다. 5월 11일부터 8월 31일까지다. 이 금어기가 끝나자마자 낚시꾼들이 모여드는데, 그 수가 너무 많다. 내가 낚시를 즐기던 2006년 정도에 주꾸미 낚시는 일부 마니아들이 하던 것이었다. 전용배는 찾아보기 힘들었다. 몇 년 지나고부터 전용배가 생기더니, 이제 가을만 되면 서해 어디를 가나 주꾸미 배가 온 바다를 메우고 있다.

1년을 사는 주꾸미는 200~300개의 알을 낳는다고 한다. 알에서 부화한 새끼가 성장해 다시 산란할 수 있을 만큼 성숙하면 무게가 약 55g이 된다고 한다. 그런데 9월 중순까지 잡히는 주꾸미의 90% 이상이 55g 이하의 어린 주꾸미라고 한다. 이러니 주꾸미가 멸종 위기에 몰린다. 가격도 천정부지로 뛰었다.

주꾸미잡이를 생계로 하는 어민들은 그렇다 쳐도, 재미로 주꾸

낚시에 잡힌 가을 주꾸미.

미 잡으려 몰리는 낚시꾼의 수와 낚시 횟수는 제한해야 한다. 낚시 면허 도입도 좋지만, 무엇보다 낚시할 수 있는 횟수와 날짜를 제한하지 않으면, 어린 주꾸미를 잡지 않는다고 해도 소용이 없다. 주꾸미 개체 수 자체가 들어드는 것을 막을 수 없기 때문이다. 또한 지금의 주꾸미 금어기(5월 11일~8월 31일)를 산란철까지 포함시켜 재설정해야 한다. 금어기를 지금보다 더 앞당기고 더 길게 늘려야 한다. 종의 존속과 취미 중 무엇을 선택해야 하는지는 자명하지 않을까.

쇠고기엔 마블링, 연어엔 흰 줄?

우리 바다에 있는 어족자원이 이런저런 이유로 부족해지면서, 또한 특정 어종의 소비량이 늘어나면서, 필연적으로 따라오는 게 있다. '양식養殖'이다. 한국인이 먹는 회의 대명사인 광어(정식 이름은 '넙치'다)는 양식 없으면 전국의 횟집을 먹여 살릴 수 없다. 양식 없이는 접하기 힘든 또 하나의 생선이 연어다. 연어는 대표적인 수입 생선이기도 하다.

연어(생연어 기준) 수입량은 2009년 1만 1,000톤을 시작으로 2013년도에 1만 8,000톤, 그리고 2020년에 4만 3,000톤을 거쳐 코로나 중인 2022년 7만 7,000톤으로 늘었다. 2009년 대비 7배나 증가한 것이다(《한국수산경제》 2023년 7월 17일). 이 수치는 구이용과 횟감용이 포함된 것이라는데, 우리가 소비하는 횟감용 연어 대부분은 노르웨이에서 비행기로 들어온다.

연어 파는 곳에서 '슈페리어superior' 혹은 '1등급 슈페리어급'이라는 표현을 흔히 볼 수 있다. 이 등급은 '노르웨이 수산물 산업 표준Norwegian Industry Standards for Fish'이 부여한 것인데, 세 등급이 있다. 양식장에서 2~3년 키운 연어를 수확해 전 처리할 때의 기준으로, 외형적으로 감염이 없는지, 내부 출혈이 있는지, 또는 기생충 감염이 있는지에 대한 검사를 진행해 문제가 없으면 슈페리어,

그다음은 오디너리ordinary, 마지막이 프로덕션production 등급이다. 오디너리, 즉 보통 등급은 '외부 또는 내부 결함이 제한적으로 있지만 사용을 방해하는 심각한 문제가 없는 연어'라는 의미다. 문제를 제거한 다음 출하한다. 프로덕션 등급은 소매용이 아니라 가공용으로만 판매하는 등급이다. 우리가 회로 먹는 연어는 슈페리어 등급, 스테이크 등으로 구워 먹는 것은 오디너리 등급을 받은 연어다.

회를 먹는 나라가 몇 없으니, 연어를 횟감으로 판매하는 나라도 몇 나라 없다. 주로 일본과 우리다. 가장 많은 연어를 생산하고 판다는 노르웨이 마린 하베스트Marine Harvest 사의 홈페이지에는 연어 요리 레시피가 소개되어 있는데, 회는 없다. 가열을 해야 하는 요리 위주다. 식문화의 차이에서 오는 레시피 차이라고 여겨도 된다.

바다 생선이라면 고래회충을 빼놓고 이야기하기 어렵다. 고래회충은 작은 새우에 기생하는데, 새우를 물고기가 잡아먹음으로써 감염된다. 고래회충은 숙주인 물고기의 내장에 있다가 물고기가 죽으면 내장에서 나와 살로 파고 들어간다고 한다. 생선을 잡은 즉시 내장을 빨리 제거하면 고래회충이 살로 파고들 틈이 없어 감염 위험이 많이 감소한다는 것이다. 심지어 양식 연어는 기생충 위험이 거의 없다고 봐도 무방하다. 살아 있는 것을 먹는 것이 아니라 열 가공을 거친 사료를 먹기에 그렇다. 기생충 감염에 대한 염려 때문에 돼지고기를 바짝 익혀 먹었지만, 사료를 먹여 키우는 지금은 살짝만 익혀 먹어도 되는 이유와 같다. 연어뿐만 아니라 양식한 어류의 기생충 감염 염려는 거의 기우에 가깝다.

이 말이 무슨 뜻이냐 하면, 굳이 연어 횟감으로 슈페리어급을 고집할 필요가 없다는 것이다. 노르웨이의 양식 연어 등급은 주로 외형을 보고 매기는 것이다. 오디너리급이라 해서 슈페리어급보다 맛이 적은 것은 아니다. 오디너리급의 모양이 안 좋아 회로 내기에 부족하다면, 연어덮밥 정도는 얼마든지 오디너리급으로 할 수 있다.

노르웨이의 세계 최대 연어 양식장을 취재한 기사를 읽은 적이 있다(《경향신문》 2016년 10월 19일). 양식 방법, 사육 기간, 전 처리 시설 등 연어가 우리의 식탁까지 오르는 과정을 다뤘다. 내 흥미를 끈 것은 사료와 연어 살의 흰 줄이었다. 기사에 따르면, 연어 사료의 주성분은 콩 단백질이다.* 콩 단백질이라는 말에서 나는 옥수수를 떠올렸다. 옥수수 사료를 먹고 자란 1++ 등급 소의 환상적인 마블링이 생각났다. 자연에서 잡히는 연어는 흰 줄이 없다. 먹

---

* 콩 단백질 25% 등 식물성 단백질과 탄수화물 50%, 식물성 기름 19%, 사람이 먹지 않는 생선 부위를 갈아 만든 어분魚粉과 물고기 기름 29%로 구성.

이를 찾아 끊임없이 움직이기에 그렇다. 우리가 익히 알고 있는, 연어 살에 선명히 나 있는 흰 줄의 정체는 바로 지방이다. 옥수수를 먹이고 운동을 하지 못한 소의 마블링과 어찌나 비슷한지.

우리나라 양식장에서는 대체로 사람이 직접 사료를 준다. 노르웨이에서는 그렇지 않다고 한다. 종합 상황실에서 버튼만 누르면 자동으로 사료가 급여된단다. 보관용 통에 들어 있던 사료가 파이프라인을 통해 자동으로 나간다. 연어는 가두리를 빙글빙글 돌 뿐(비록 우리나라 일반적인 양어장보다는 훨씬 큰 크기이지만) 사냥을 위해 에너지를 사용할 필요가 없다. 남는 에너지는 자연스레 지방으로 축적된다.

이 기사를 읽고 나서 연어를 샀다. 미국산과 노르웨이산이다. 노르웨이산은 지방이 풍부한 양식 연어였다. 미국산은 알래스카산 자연 연어다. 알래스카는 연어 양식을 허가하지 않는다고 한다. 품종은 표시가 안 돼 있었는데, 왕연어나 은연어 중 하나였을 것이다. 둘을 같이 구워봤다. 노르웨이산 양식 연어는 부드럽고 지방이 풍부했다. 반면에 미국산 연어는 담백하지만 씹는 맛이 있었다. 두 가지 연어구이를 함께 저녁상에 올렸다. 미국산이 먼저 사라졌다.

이 경험을 SNS에 올렸더니 여러 반응이 돌아왔다. 생각지 못한 반응이 꽤 있었다. 내 이야기를 유통업자의 '팔아먹기 위한 썰'로

노르웨이의 연어 양식장.

치부하는 이도 있었고, 자연산 연어는 기생충이 많아 횟감으로 못 먹는다는 충고도 있었다. 내가 식품을 사고파는 일을 직업으로 삼고 있어도 연어는 취급하지 않는다. 유통하지도 않는 연어를 팔아 먹으려고 거짓말을 할 이유가 없다. 두 종류의 연어를 맛보고 그 경험을 나눈 이유는 딱 하나, 정보 제공을 위해서였다.

정보가 있으면 선택을 할 수 있다. 그렇지만 모를 때는 선택의 여지라는 게 없다. 팔고자 하는 이들이 자신에게 유리한 정보만 제공하기 때문이다. 예를 들어, 횟감용 연어를 판매하는 웹사이트를 보면 대부분 슈페리어급이라는 점을 강조한다. 가장 좋은 등급임을 강조하고, 당연한 조건인 냉장이나 HACCP 인증 등을 특별한 것인 양 덧칠한다. 그러나 앞서 이야기했듯이 연어의 등급은 겉보기로 판정한 것이다. 최고로 맛있는 연어에 부여하는 것이 아니다. 나는 이에 관한 정보를 제공하는 것이 식품 MD로서 할 일이라고 여긴다. 딱히 사명감이 있어서가 아니다. 이는 내가 마블링 예쁜 쇠고기를 권하지 않는 것과 같다. 이미 넘쳐나는 정보 말고, 실제 맛에 대한 정보를 추가하고 싶을 뿐이다. 지방의 맛이 쇠고기 맛의 전부가 아닌 것처럼, 양식한 연어의 기름진 맛이 연어 맛의 전부가 아니라는 것을 알리고 싶을 뿐이다.

국내산 양식 연어도 있다. 아직은 시장에서 제대로 힘을 못 쓰고 있다. 부산의 기장이나 경북 성주 등지에서 양식 연어를 출하하고 있다. 국내산 양식 연어로 검색하면 구입할 방법이 보인다. 자연산 연어도 국내산이 있다. 자연산 연어를 사기 위해 강원도 고성을 10월 말부터 11월 초 사이에 세 번 다녀온 적이 있다. 처음은 너무 이른 시기에 갔고, 또 한 번은 풍랑주의보로 배가 뜨지 않아 허탕을 쳤고, 세 번째에 겨우 성공했다. 횟감으로도 팔지만 연어회를 딱히 좋아하지 않거니와 회가 생선을 먹는 가장 맛있는 방법은 아니기에 구이용으로 한 마리를 샀다. 80센티미터 정도 크기의 연어 한 마리 가격은 당시(2024년 11월) 3만 원이었다. 근처 회센터에 부탁해 손질을 해서 집으로 가져와 구워봤다. 노르웨이산 연어 같은 지방의 맛은 없었다. 지방의 맛은 살짝 숨어 있고 단백질의 고소함이 도드라졌다. 특히나 맛있는 부위는 껍질이었다. 지방을 풍부하게 품고 있는 껍질의 맛이 앞으로 11월이면 나를 강원도 고성으로 데려갈 듯싶다.

정확한 명칭으로 불러야 하는 이유

연어는 우리뿐 아니라 전 세계 거의 모든 나라에서 보호를 받는 종이다. 그만큼 많은 이가 먹고, 많은 양을 잡았기 때문이다. 양식이 대안으로 떠오른 이유도 그 때문이다. 그런데 유독 한국인

본래 이름 대신 '민어조기'라는 사기성 짙은 이름으로 팔리는 영상가이석태.

이 좋아하는 생선이 있다. 한국인이 많이 먹다 보니 많이 잡고, 여기에 기후 변화까지 겹쳐, 이제 우리 바다에서 찾아보기 어려워진 생선이 여럿이다. 그 때문에 마치 사기와 같은 마케팅이 생선 수입 과정에서 벌어진다.

현재 한국에서 판매되는 수산물 명칭 중 가장 치사한 명칭이 '민어조기'라고 나는 생각한다. 명절 차례상에 올릴 조기는 값이 천정부지다. 너무 비싼 국산 참조기 대신 중국산 부세(부서조기라고도 부른다)를 올리기도 하는데, 이 역시 조기보다 싸다 해도 만만한 가격은 아니다. 그래서 사람들은 '민어조기' 혹은 '침조기'를 산다. 생긴 것은 영락없이 조기인데, 시장에 나오는 참조기보다 씨알이 굵다. 심지어 "임금님 상에 오르던 민어" 운운하는 문구까지 써놓았다. 그런데 이 생선의 정체는 무엇일까? 민어면 민어고 조기면 조기지, 민어조기? 당연히 이는 정식 명칭이 아니다. 민어조기의 고향은 아프리카. 민어과의 생선이다(조기도 민어과다). 민어조기는 '영상가이석태', 침조기는 '긴가이석태'가 본명이다.

넙치를 광어라고 부르는 것처럼, 생선은 한 가지 종류를 부르는 이름이 갖가지다. 군산에서는 반지라 부르는 생선을 인천에서는 밴댕이라고 부르는 것처럼, 오래전부터 그 지역민들이 부르는 이름이 다 따로 있었기 때문이다. 그런데 민어조기, 침조기는 그와는 다르다. 이름이 따로 있는 생선을, 판매자들이 마케팅 목적에서 일부러 왜곡해서 붙인 것이기 때문이다. 값싼 아프리카산 수입 생선을 '민어조기'라 붙여놓고, 마치 조기인데 싸게 내는 것처럼 판매한다.

아프리카산이라서, 조기가 아니라 석태라서 나쁜 생선이라는 말이 아니다. 그건 그것대로 맛있게 먹으면 된다. 그렇지만 값을 조금이라도 더 받기 위해 '민어'와 '조기'를 갖다 붙이면, 민어와 조기뿐 아니라 석태에게도 실례 아닌가.

민어조기에 버금가는 사기, 아니 명칭 오용이 보리굴비다. 과거 조기 파시波市는 칠산바다, 영광에서 부안 위도까지의 바다에서 열렸다. 음력으로 4월이면 조기가 몰렸고, 1,000여 척의 배가 조기를 쓸어 담았다. 음력 4월이면 양력으로는 5월과 6월 사이, 봄의 끝과 여름의 시작 즈음이다. 냉장·냉동 시설이 없을 때 생선을 오래 보관하려면 소금 치고 말리는 것 말고는 방법이 없었다. 소금 치고 말린 조기를 겉보리에 넣고 마저 말리기도 했다. 겉껍질을 벗기지 않은 보리를 겉보리라 하는데, 겉보리가 천연 제습제 역할을 해 장마를 수월하게 넘길 수 있었다. 조기 파시는 음력 4월에 열리고, 보리 수확은 음력 5월에 시작하기에 가능했다.

최근 여기저기서 보리굴비를 팔고 있다. 보리굴비가 대단한 것인 양 하지만 실상은 장마 때 굴비에 곰팡이 피지 말라고 하던 방법일 뿐이다. 보리에 넣었다고 특별히 맛이 더 좋아지지는 않는다. 긴 장마에 맛이 더 나빠지는 것을 막았을 뿐인데, 지금은 별미로 알고 있다.

옛날 자린고비는 천장에 매달아둔 굴비를 쳐다만 보고 밥을 먹었다고 한다. 소금 엄청 치고 바싹 말린 것이니, 오랫동안 매달아둘 수 있고 쳐다만 봐도 침이 나왔다. 지금의 굴비는 굴비가 아니다. 참조기에 소금 치고 한나절 물을 빼고는 냉동고에 넣어 보관한다. 때가 되면 꺼내 포장을 하고는 굴비라 한다. 이렇게 굴비 만드는 과정이 간단해진 데는 굴비가 대표적인 명절 선물인 탓도 있다. 조기를 바싹 말리면 형태가 틀어지고, 수분이 빠진 만큼 크기가 작아져 선물로서 가치가 낮아진다. 선물세트의 굴비는 1센티미터 차이로 가격이 10만 원이 왔다 갔다 한다. 게다가 모양이 틀어지거나 몸통이 터지면 선물용으로는 사용할 수가 없다.

굴비 자체가 조기를 오래 보관하며 먹기 위해 가공한 것이니, 냉장·냉동 시설 잘 갖춘 지금은 굳이 그렇게 오래 말릴 필요가 없다. 소금을 그렇게 많이 칠 이유도 없다. 그런데도 굳이 '굴비'라는 이름으로 조기를 판매한다.

문제는, 참조기가 아닌 부세 말린 것을 보리굴비라 판다는 것이다. 부세 말린 것을 굴비라 한다면 수조기, 백조기 말린 것 또한 굴비라고 해도 할 말이 없어진다. 굴비로 유명한 어느 지자체에서는 오랫동안 다른 지역에서 만든 것은 '가짜 굴비'라고 말하며, 굴비의 메카로 군림했다. 지금도 그 지자체 홈페이지에서는 굴비 축제를 홍보하며 다른 지역 굴비를 헐뜯고 있다. 하지만 그 지자체도 할 말은 없다. 굴비의 유명세를 이용만 했지, 굴비 품질 관리에 대해서는 아무것도 하지 않았기 때문이다. 적어도 굴비라 할 수 있는 것이 무엇인지, 엄격하고 명확한 품질 규정을 만들어 관리했어야 한다. 굴비에 대한 명확한 규정이 없으니 냉동 참조기가 굴비로 둔갑하고, 부세 말린 것이 보리굴비로 팔리게 되었다.

용어의 의미가 시대 상황에 따라 변하는 것은 맞다. 굳이 바짝 말릴 필요 없을 정도로 유통 시스템이 좋아지기도 했다. 그렇지만 제대로 오랜 시간을 들여 말리는 수고도, 바짝 말라 중량이 줄어

바짝 말린 게 조기이고, 그 위로 보이는 조금 통통한 것이 말린 부세다.

든 것도 아닌 것에, 그에 해당하는 값을 지불해야 할까? 심지어 참조기도 아니고 부세를 말려 '보리굴비'로 판매하는 것이다.

말린 부세가 대세이다 보니 더는 참조기를 말리려 하지 않는다고 한다. 참조기는 살집이 부세보다 못하면서 가격은 두 배 이상 비싸니 사 먹을 사람도 없기 때문이다. 나는 온라인에서 쇼핑몰을 운영하고 있다. 부세 말린 것은 '말린 부세'로 판매한다. 그런데 소비자는 '굴비'로만 검색을 하기에 내가 판매하는 말린 부세는 검색되지 않는다.

대하를 양식하던 양식장에서 흰다리새우 양식으로 바꾸고 나서도 대하 판매라는 간판을 한동안 내걸었다. 지금은 많이 바뀌었지만, 여전히 대하 축제는 열리는데 팔리는 새우 대부분은 흰다리새우다. 학자도 아닌데 명칭이 정확한 게 뭐가 중요하냐고 할 수 있겠지만, 이름은 정확히 불러야 한다. 그래야 팔고자 하는 사람을 위한 것이 아닌, 사 먹는 사람을 위한 이름이 되기 때문이다.

조개류 양식에 대한 오해

해산물 하면 생선을 먼저 떠올리지만, 조개도 있고 해초도 있다. 그중 조개는 두 종류로 나뉘는데, 우리가 흔히 조개라고 하는 이매패류(두 개의 껍데기를 가진)와 고둥처럼 하나의 껍데기를 가진 복족류다.

복족류 중 유독 소비자의 사랑을 받는 것이 전복인데, 양식을 해 1년 내내 먹을 수 있는 전복도 제철이 있을까? 물론 있다.

전복 또한 동물이기에, 그 제철은 먹이 활동과 관련 있다. 전복의 먹이는 미역과 다시마다. 미역과 다시마 양식하는 곳에서 전복도 양식한다. 전복은 겨울에 자라는 미역을 먹는다. 3월에 미역 수확이 끝나면 다시마를 먹는다. 6월에 다시마까지 수확하고 나면,

전복은 미역이 나는 12월까지 굶는다. 양식이 아닌, 자연에서 자라는 전복은 다르다. 수온이 높아져 수심이 낮은 쪽 해초가 녹으면 전복은 깊은 바다로 이동해 먹이 활동을 한다. 양식 전복은 그러지 못하니 굶는 것이다. 그래서 내가 운영하는 온라인 쇼핑몰에서는 전복을 7월까지만 판매한다. 겨울에 다시 먹이 활동을 하며 전복에 살이 오르기 전까지는 팔지 않는다.

그런데 전복 제철에도 자칫하면 굶은 전복을 먹을 수 있다. 양식장에 가서 전복을 보면 뻘흙을 뒤집어쓰고 있어 껍데기가 지저분하다. 수확한 전복은 육지로 옮겨진다. 육지 수조에서 며칠 보내면서 겉과 속을 깨끗이 하는 것인데, 그동안 전복은 굶는다. 그 전복이 또 차를 타고 이동하며 도매상, 중간상, 소매상을 거쳐 전국의 수산물 시장이나 횟집의 수조에 들어간다. 그러니 횟집 수조 속 전복이 며칠이나 굶은 것인지는 주인만 안다.

이러니 산지에서 먹는 전복 맛과 도시에서 먹는 전복 맛이 천지차이다. 산지에서 먹는 전복에서는 바다 향이 난다. 다시마와 미역 향이 은은하게 난다. 신선한 바다 향이 지나가고 나면 살이 품고 있는 단맛이 쏙 들어온다. 반면 수조에서 오래 머문 도시의 전복에서는 쓴맛이 난다. 먹이 활동을 멈춘 전복은 호흡만 한다. 전복이 호흡하며 마신 바닷물의 마그네슘이 몸속에 축적되어 쓴맛이 나는 것이다.

전복 하면 회를 떠올리지만, 전복을 가장 많이 취급하는 곳은 중화요리 전문점이다. 서울 서교동의 중식당 진진에서는 산지 직송 전복으로만 요리를 한다. 산지에서 바로 받은 전복은 먹이 활동을 멈춘 시간도, 호흡하며 마그네슘을 축적한 시간도 최소화되어 산지에서 먹는 맛과 비슷하다.

양식업계는 전복의 제철을 늘리려는 시도를 하고 있다. 최근, 6월이 지나기 전에 다시마를 수심 깊은 바다에 보관한다는 말을 들었다. 바닷속 시간은 육지와 다르다는 말은 이미 했다. 6월의 바다는 육지로 치면 4월 중순이나 5월쯤이다. 아직 여름이 오지 않았다는 말이다. 그런데 '보관한다'는 것은 무슨 뜻일까?

수온이 높아지기 전에는 다시마를 바다 표층에서 양식한다. 그러다 수온이 높아질 것에 대비해 다시마가 자라는 양식 줄을 바닥까지 내린다고 한다. 다시마가 녹아내리는 수온은 15도인데, 수심 깊은 바다의 바닥은 수온이 그 이하라서 다시마가 한여름에도 녹지 않는다는 것이다. 그 덕에 한여름에도 전복에게 다시마를 줄 수 있다고 했다. 이제 예전처럼 전복이 1년의 절반을 굶는 일은 사라질 것 같다.

그렇지만, 굶지 않는다고 해서 전복 맛이 1년 내내 일정하지는 않을 것이다. 수온이 올라가면 전복은 스트레스를 받을 것이니 말이다. 전복의 제철은 여전히 다시마를 충분히 먹은 5~6월이다. 요

양식하는 전복도 제철이 있다.

즘 전복이 보양 식재료로 꼽히면서 여름에 내는 식당이 많다. 전복이 제일 맛없을 때 비싼 값 주며 먹는 일은 이제 그만하자.

전복 이야기를 한 김에, 어떻게 먹을지에 관한 얘기도 해보자. 많은 사람이 전복 하면 회로 먹어야 한다고 생각한다. 하지만 전복은 찌든 굽든 열을 어느 정도 받아야 맛있다. 전복회는 딱딱해서 가능한 얇게 썰어 내는데, 그래서야 향도 살맛도 제대로 보기 어렵다. 전복에 열을 가해 먹는 방법 중 가장 간단한 것이 술찜이다. 싼 맥주를 찜기에 붓고 전복 올려서 15분쯤 찌면 끝난다. 야들야들해진 전복의 식감과 단맛이 일품이다.

이매패류 조개 중에서 양식 하면 먼저 떠오르는 것은 굴이다. 내가 가장 좋아하는 굴은 남해 지족리에서 난 것이다. 이곳의 굴은 투석식으로 키운다. 얕은 바다에 돌을 던져놓고 여름에 산란한 굴 유생이 달라붙도록 하는 방식이다. 바다에 꽂아놓은 나무 틀에 매단 가리비 껍데기에 굴 유생을 부착시켜 키우는 방식은 수하식이라 한다. 우리나라 굴 양식 대부분이 수하식이다. 깊은 수심의 바닷속에 굴을 넣고는 키우는 방식으로, 먹이 활동이 활발해 투석식으로 키운 것보다 씨알이 크다. 반면에 투석식은 바닷물이 들고 빠짐에 따라 굴의 먹이 활동 시간이 하루 최대 12시간으로 제한된다. 즉, 6시간 단위로 물이 들고 빠지는 환경에서 물이 들어왔을 때만 먹이 활동을 한다. 수하식에 비해 크기가 작지만 혹독한 환경을 이겨내는 사이 굴의 향이 깊어지는 장점이 있다.

이런 이유로, 투석식으로 양식한 굴을 자연산이라고 파는 경우가 있다. 그런데 굴에 있어서 별 의미 없는 말이 자연산이다. 투석식이나 수하식이나 둘 다 자연산이다. 사람이 인위적으로 만든 사료를 먹지 않기에 그렇다. 양식 우럭이나 광어는 사람이 만든 사료를 먹고 자라니 자연산과 차이가 크다. 굴은 이런 사료를 먹는 것이 아니라 바닷물의 유기물을 걸러 먹는다. 일정한 공간에서 사람이 관리하며 키우니 양식일 뿐이다.

남해 지족리는 사천시와 남해군 사이의 창선도를 돌아나가는 해협을 끼고 있다. 폭이 좁아 물살이 센 곳이다. 이 바다에서 나는 굴의 깔끔한 맛을, 나는 좋아한다. 물론 해남이나 고흥에서 맛본 투석식 굴의, 진흙 갯벌이 만들어낸 농후한 맛도 좋다.

같은 굴이라도 양식 방식에 따라 가격이 다르고, 가격에 따른 양의 차이가 있다. 같은 방식으로 양식을 해도 환경에 따라 맛이 다르다. 알면 선택지가 늘어난다.

조개 도문대작

전복, 굴 이야기를 한 김에 조개 얘기를 몇 가지 더 해보자. 우리가 흔히 먹는 조개로 바지락이 있다. 바지락을 잡는 방법은 손으로 캐는 것과 그물로 끄는 것, 두 가지가 있다. 우선은 바지락의 서식 환경을 보자. TV에서 바지락 캐는 장면을 가끔 본다. 아이들과 함께 바지락 체험을 직접 해본 분도 많을 것이다. 흔히 떠올리는 발이 푹푹 빠지는 고운 진흙 갯벌이 아니라 모래 같은 굵은 흙부터 주먹 크기의 돌까지 있는 갯벌이었을 것이다. 바지락은 모래와 작은 돌이 함께 있는 갯벌에서 자란다. 반면 고운 진흙만 있는 곳에서는 껍데기 주름이 많은 꼬막류의 조개가 잘 자란다. 순천만, 여자만 등이 꼬막 산지로 유명한 이유가 고운 진흙 갯벌이 있

뻘배를 타고 꼬막을 잡는 어민.

어서다.

어민들은 배를 타고 바다로 나가 그물 끝에 갈고리를 달아 끌어서 바지락을 잡는다. 바지락이 잘 자라는 바다를 찾아 그물을 내리고 배로 끌고 다닌다. 갈고리가 바닥을 훑으면 흙과 함께 떠오른 바지락이 그대로 그물 속으로 들어간다. 이때 바지락만 잡는 것이 아니라 개조개도 같이 잡힌다. 바지락보다 훨씬 큰 조개로, 봄이면 경남의 오일장에서 흔히 볼 수 있다. 가격은 바지락보다 비싸고 달곰한 맛이 좋다.

서해안 갯벌 말고 동해안 모래사장에도 조개가 많다. 강원도 고성에서 유명한 조개가 명주조개다. 정식 명칭은 개량조개다. 이 조개를 조개의 여왕이니 제왕이니 하는 부르는 것을 간혹 본다. 맛으로 보면 제왕이 맞다. 달곰한 맛과 시원함은 동해에서 나는 조개 중 왕으로 군림하기에 손색이 없다. 명주조개 다음으로는 칼조개, 비단조개가 꼽힌다. 비단조개는 강원도에서 '째복'으로 불린다. 서해의 바지락처럼 동해 바닷가에서 흔히 잡던 조개다. 강원도 주문진을 비롯해 동해안의 어판장에서 살 수 있다. 국물을 내면 바지락보다 깔끔한 것이 장점이다.

동해의 제왕이 명주조개라면 서해의 제왕은 백합이다. 지역에 따라 생합이라고도 불린다. 모래가 섞인 고운 진흙 갯벌에서 자란다. 백합이 자라기 위한 필수 조건이 있는데, 그것이 바로 민물의 유입이다. 즉 하천이 바다와 만나는 지점의 고운 모래와 진흙이 섞인 갯벌에서만 백합이 자란다. 과거에는 군산, 김제, 부안이 백합 산지로 유명했다. 전라북도를 동에서 서로 지나는 만경강과 동진강이 바다로 흘러드는 지점이 그 바다였다. 새만금 방조제로 인해 물길이 막히면서 백합도 사라졌다.

이웃한 고창, 서천 등지에서 백합이 나지만, 인천에서 나는 것만큼 좋은 백합은 못 봤다. 인천의 장봉도, 강화도에는 세 개의 강이 모인다. 한강, 임진강 그리고 북한의 예성강이 그 바다로 흘러들어간다. 지금도 봄이면 인천종합어시장에서 장봉도산 백합을 산다. 큰 것은 두 개만 쪄서 먹어도 배가 부를 정도다.

백합과 명주조개 모두 국물과 살맛이 좋지만, 살맛으로만 본다면 남해의 코끼리조개가 몇 수 위다. 전복도 코끼리조개 앞에서는 한 수 접어야 한다. 이름처럼, 조개를 보면 단번에 코끼리 코를 떠올리게 하는 모양새다. 두 개의 껍데기에 싸인 터져 나갈 듯한 살집에 수관이라 부르는 기관이 항시 노출되어 있다. 노출된 수관으로 바닷물 속 식물성 플랑크톤이나 유기물을 걸러 먹는다고 한다. 데쳐서 쪄 먹으면 이 조개보다 달곰한 것을 맛본 적이 없을 정도다.

남해에는 패각이 시커멓고 수관이 들락날락하는 조개도 있는데, 우럭조개라 부른다. 코끼리조개보다 저렴하지만 비싼 조개다.

동해에서 나는 조개의 제왕, 명주조개(위)와
바지락보다 깔끔한 국물을 내는 비단조개(아래).

거제 성포에 전문 식당이 여럿 몰려 있다.

조개의 맛은 다양하지만 우리는 바지락과 전복만 안다. 바지락 칼국수가 맛이 있다면 동해 째복으로 끓인 칼국수도 맛있음을 알아야 한다. 식재료를 안다는 것은 경쟁력 있는 메뉴 개발을 할 수 있다는 얘기다.

거제 외포.

국어사전에는 '못난이'를 '못나고 어리석은 사람'이라고 정의하고 있다. 책을 마무리해야 할 자리에서 왜 '못난이'라는 단어를 꺼낼까 싶겠지만, 이유가 있다. '못난이 농산물' 이야기를 하고 싶어서다.

흔히 모양이 좋지 않거나 상처가 있는 농산물을 '못난이'라 부른다. 소위 요리 연구가의 "모양 좋은 식재료를 선택하라."는 말만큼이나 내가 싫어하는 말이 '못난이 농산물'이다. 농산물을 비롯한 식재료가 '못났다'고 할 때는 언제일까? 그건 식재료의 맛이 없을 때여야 한다. 모양이 예쁘지 않은 때가 아니다. 나는 사람들이 못난이 농산물이라 부르고 판매하는 것을 '버금 농산물'이라고 부른다. 버금은 으뜸 다음으로 좋은 것이다. 모양 좋고 맛도 좋다면 '으뜸', 맛만 좋다면 '버금'. 모양만 좋고 맛이 없다면, 그것이 내게는 '못난이'다.

내가 생각하는 최고의 식재료는 맛있는 식재료이고, 그 맛이란 어느 한 가지 맛이 도드라지지 않고 조화를 이루는 것이다. 외관이 상처투성이여도 말이다. 감귤을 예로 들어보자. 맛있는 감귤은 단맛과 신맛이 조화를 이루어야 한다. 달기만 하거나 시기만한 것이 아니다. 단맛과 신맛이 잘 어우러져 있다면 외관이 지저분해 보여도 좋은 귤이다. 유기농으로 키운 감귤이 이렇다. 관행 농법으로 지은 감귤보다 당도가 높지는 않지만 맛있다는 생각이 절로 든다. 이런 감귤이 시장에서는 환영받지 못한다. 판매하는 이나 구입하는 이나 모양이 깔끔한 것을 선호한다. 아니, 구입하는 이가 모양 좋은 것을 찾으니 판매하는 이는 그런 것을 팔 수밖에 없다.

사람들은 습관적으로 수박을 고를 때 두드려본다. 잘 익은 수박이 어떤 소리를 내는지 들어본 적도 없으면서 말이다. 이런 선입견을 주는 말이 '보기 좋은 떡이 먹기도 좋다.'이다. 하지만 나는 '보기 좋은 떡은 첨가물 범벅'이라고 하고 싶다. 떡을 모양 좋게 빚는 요리사의 정성을 폄하하려는 게 아니다. 그러나 그 떡을 만드는 쌀의 모양이 떡의 모양을 결정짓는 것은 아니다. 또한 그 쌀의 품질과 요리사의 솜씨, 정성에 걸맞은 값을 치르지 않고 보기 좋은 떡을 먹으러 하면 식품첨가물은 필연적으로 들어간다. 크고 모양 좋은 채소나 과일이 화학비료와 농약으로 만들어진다는 것은 이미 본문에서 말했다.

식재료의 맛을 외관으로 판단할 수는 없다. 저마다 품고 있는 고유한 향과 색이 살아 있어야 한다. 과일 맛의 기준이 당도 일 변도여서는 안 되고, 채소 품질의 기준이 모양 한 가지여서는 안 된다. 이는 수산물이나 축산물도 마찬가지다. 지방의 맛이 있다면 쫄깃한 육질의 맛도 있다.

우리가 늘상 접하는 식재료를 통념에 의해서만 판단하지 말자는 것, 다양한 품종이 있고, 과일이나 해산물의 제철이 따로 있고, 더 다양한 맛의 세계가 있다는 것, 이것이 내가 이 책에서 말하고 싶은 것이다. 알아야 선택할 수 있다는 것.

식재료에 대한 탐구는 요리사의 몫만은 아니다. 식당 사장의 일만도 아니다. 누군가는 재료의 원가를 고민하겠지만 또 다른 누군가는 음식의 맛을 고민할 것이다. 소비자는 원가를 고민하는 식당과 맛을 고민하는 식당 중에서 선택할 수 있다. 맞다, 틀리다의 문제가 아닌 선택의 문제일 뿐이다.

마찬가지로, 집에서 요리를 할 때에도 선택을 할 수 있다. 어쩌면 식재료 비용을 절감하는 방법이 될 수도 있다. 5첩이니, 7첩에 국, 찌개까지 더한 상을 차리기 위해 우린 수많은 식재료를 구입한다. 그러고는 요리하면서 버리고, 먹고 먹다가 종국에는 음식물

쓰레기로 처리한다. 이 반찬 수를 두 개나 세 개 정도로 줄인다면 상 가운데 놓이는 찌개 아니면 내 앞에 놓이는 국그릇의 내용물이 달라질 것이다.

소비자가 맛을 생각한다면 생산자는 좋은 재료를 생산하기 위해 노력할 것이다. 요리사는 맛을 위해 재료를 선택할 것이다. 그 변화의 시작에 '소비자의 올바른 선택'이 있어야 한다.

도판 출처

12쪽 Park Misoo m(Wikimedia)

15쪽 2019046062 최혜린(Wikimedia)

20쪽 저자

25쪽 2019046062 최혜린(Wikimedia)

31쪽 저자

36쪽 저자

39쪽 저자

46쪽 Sous Chef(Wikimedia)

53쪽 위 Valcenteu(Wikimedia), 53쪽 아래 저자

56쪽 Melsj(Wikimedia)

62쪽 wizdata(Wikimedia)

64쪽 위, 아래 저자

68쪽 저자

72쪽 국립국어원

76쪽 위, 아래 문화체육관광부 해외문화홍보원 코리아넷

78쪽 저자

81쪽 저자

82쪽 Matt Kieffer(Wikimedia)

90쪽 Trainholic(Wikimedia)

95쪽 Schellack(Wikimedia)

97쪽 저자

108쪽 위, 아래 저자

113쪽 저자

120쪽 eommina(Wikimedia)

125쪽 캐나다 로열온타리오박물관 소장

130쪽 저자

132쪽 Suiren2022(Wikimedia)

133쪽 저자

136쪽 Pravdaverita(Wikimedia)

139쪽 저자

141쪽 Radosław Drożdżewski(Wikimedia)

144쪽 Flickr

156쪽 Richy!(Wikimedia)

158쪽 저자

161쪽 Ibgroup2018(Wikimedia)

163쪽 저자

167쪽 청리토종닭 홈페이지

175쪽 저자

182쪽 Bernard Gagnon(Wikimedia)

188쪽 저자

193쪽 저자

198쪽 Diego Delso(Wikimedia)

201쪽 저자

205쪽 저자

209쪽 저자

213쪽 저자

215쪽 위, 아래 저자

217쪽 저자